江西理工大学清江学术文库

AlX 化合物结构与性质的第一性原理研究

刘 超 著

北 京
冶 金 工 业 出 版 社
2021

内 容 提 要

本书共6章，在介绍AlX（X=N，P，As）化合物研究进展的基础上，详细介绍了AlX实验相的性质，包括其力学性质、热学性质、电学性质、光学性质等；详述了AlN正交亚稳相、AlN亚稳相、AlP亚稳相、AlAs亚稳相的第一性原理，主要介绍了其计算方法、晶体结构及布里渊区、稳定性分析、高压相变、力学性质、电学性质等。本书对AlX化合物的新型高性能结构的预测及其高压制备有一定的指导意义。

本书可作为材料及其相关专业高等院校本科生、研究生的教学用书，也可供材料结构设计、高压相变、性质研究等领域的科研人员参考。

图书在版编目(CIP)数据

AlX化合物结构与性质的第一性原理研究/刘超著. —北京：冶金工业出版社，2020.10（2021.9重印）

ISBN 978-7-5024-8601-3

Ⅰ.①A… Ⅱ.①刘… Ⅲ.①化合物半导体—研究 Ⅳ.①TN304.2

中国版本图书馆CIP数据核字(2020)第148998号

出 版 人　苏长永

地　　址　北京市东城区嵩祝院北巷39号　邮编　100009　电话　(010)64027926

网　　址　www.cnmip.com.cn　电子信箱　yjcbs@cnmip.com.cn

责任编辑　王梦梦　美术编辑　郑小利　版式设计　禹　蕊

责任校对　卿文春　责任印制　禹　蕊

ISBN 978-7-5024-8601-3

冶金工业出版社出版发行；各地新华书店经销；北京中恒海德彩色印刷有限公司印刷

2020年10月第1版，2021年9月第2次印刷

710mm×1000mm　1/16；9.5印张；184千字；141页

66.00元

冶金工业出版社　投稿电话　(010)64027932　投稿信箱　tougao@cnmip.com.cn

冶金工业出版社营销中心　电话　(010)64044283　传真　(010)64027893

冶金工业出版社天猫旗舰店　yjgycbs.tmall.com

（本书如有印装质量问题，本社营销中心负责退换）

前　言

半导体材料在集成电路、通信系统、光伏发电、照明应用、大功率电源转换等领域具有广泛的应用市场。如检波器、二极管、整流器、光伏电池、红外探测器等采用半导体制作的器件，无论是在工业生产中还是在日常生活中都扮演着重要角色。常见的半导体材料有元素半导体材料，如硅、锗等；有机半导体材料，如萘蒽、聚丙烯等；非晶半导体材料，如共价键非晶半导体和离子键非晶半导体；化合物半导体材料，如氮化铝、砷化镓等。如今随着科技的发展，化合物半导体材料已经在太阳能电池、光电器件、超高速器件、微波等领域占据着重要位置，且不同种类的化合物半导体材料具有不同的应用。化合物半导体材料种类繁多，按元素所在周期表中族来分类，分为Ⅲ-Ⅴ族、Ⅱ-Ⅵ族、Ⅳ-Ⅳ族等。

AlX（X=N，P，As）化合物是典型的Ⅲ-Ⅴ族化合物，如常见的室压最稳定的氮化铝 AlN 具有较高的传热能力和带隙，大量应用于微电子学领域；AlP 在工业上能用作发光二极管材料；AlAs 可以单独或与 GaAs 形成超晶格，用于光电子器件如发光二极管。但是由于非直接带隙或者带隙过宽等，AlX 化合物在电子领域应用有待拓展，此外鉴于压力是改变物质世界的一个新兴热力学变量，高压技术将合成出新型结构的物质，如通过高压已经成功合成出 AlN 的高压相 rs-AlN。因此基于新型的结构搜索程序结合第一性原理研究，对 AlX 化合物的结构、高压相变和力、热、光、电等物理性质进行研究，可为预测出具有新型高性能结构的 AlX 化合物及其高压制备提供指导。

作者长期从事新型Ⅲ-Ⅴ族化合物的结构设计、高压相变、性质研究等工作，参与多项国家级科研项目，发表学术论文 20 余篇，并在 AlX 化合物的高性能新型结构方面积累了一定的研究经验，发表的论文也得到了相关领域读者的普遍关注和认可。作者撰写本书也是对 AlX 化合物的高性能新型结构研究成果的总结。本书在介绍 AlX 研究进展的基础上，引入有关 AlX 化合物的结构预测、相变序列研究、物理性质分析的相关成果，建立 AlX 化合物的物理性质如力学、热学、电学等性质与组分、结构之间的关系，同时致力于设计 AlX 化合物的新型结构并获取其详细的物理性质。此外，本书还介绍了基于焓差-压力关系的研究成果，以期阐明 AlX 化合物结构的高压相变并为其高压合成提供指导。

本书内容涉及的科研项目得益于国家自然科学基金（12064013）、江西省自然科学基金资助项目（20202BAB214010）、江西省教育厅青年科学基金项目（GJJ180477）、亚稳材料制备技术与科学国家重点实验室开放课题（201906）、江西理工大学博士启动基金（jxxjbs17053）的共同资助，在此致以真挚的谢意。本书由江西理工大学清江学术文库资助出版，在此表示诚挚的感谢。

由于作者学识水平和经验阅历所限，书中不足之处恳请有关专家和广大读者给予批评、指正。

作　者

2020 年 6 月

目　录

1 绪　论

1.1 AlX 化合物的研究进展

Al 是地球上丰度最高的金属元素，其含量仅低于 Si 和 O。Al 是Ⅲ主族元素，核外有 3 个价电子，而 N、P 和 As 均为Ⅴ主族元素，核外排布 5 个价电子。室温室压下化合物 AlN、AlP 和 AlAs 中每个原子都以 sp^3 杂化方式与周围 4 个原子形成共价键，具有半导体属性。

化合物 AlX（X=N，P，As）是一类典型的Ⅲ-Ⅴ族半导体材料，它们具有许多优良的性质，因而受到人们的广泛关注和研究。例如 AlN 室温室压下以纤锌矿（wurtzite）结构（wz-AlN）稳定存在，具有非常宽的禁带[1]；热导率高达 200 W/(m·K)，接近 BeO 和 SiC，是 Al_2O_3 的 5 倍以上[2,3]；高熔点[4]，热膨胀系数（4.5×10^{-6} ℃）与 Si((3.5~4)$\times10^{-6}$ ℃）和 GaAs(6×10^{-6} ℃）相匹配[4,5]；良好的介电性质（介电常数、介电损耗、体电阻率、介电强度）；力学性质好，具有较高的硬度[6,7]和较大的体积模量，抗折强度高于 Al_2O_3 和 BeO[8~10]，耐酸碱腐蚀[11]，等等。AlN 被广泛地应用在半导体器件、场发射电子元件、切削加工等工业中。

不同于 AlN，化合物 AlP 室温室压下以闪锌矿（zinc blende）结构（zb-AlP）存在，是一种间接带隙半导体，带隙宽度为 2.45 eV[12]。在电子工业上，AlP 常被用作发光二极管[13]，AlP 也能和 InP 形成电子元件 $Al_xIn_{1-x}P$ 异质结[14]，等等。AlAs 在室温室压下也是以（zinc blende）结构（zb-AlAs）存在。由于 AlAs 具有跟 GaAs 非常接近的晶格参数，所以两者可以形成超晶格 $Al_xGa_{1-x}As$，因而在光电器件上有着广泛的应用。例如，超晶格布拉格反射镜，异质结双极晶体管，固体激光器，高电子迁移率晶体管，发光二极管，等等[15,16]。

众所周知，材料的物理化学性质不仅跟物质的组分有关，还跟物质的结构息息相关。研究发现，在压力的作用下，原子间距减小，相互作用力增强，原子内层电子可能参与成键，导致相变的发生。据统计，每 100 GPa 范围内，每种物质平均可存在 5 个相变，亦即存在 5 种新材料。高压已经成为一种继温度之后主流的实验参量，且高压研究也已取得了广泛的成果。

1.1.1 AlN 多型体及高压相变研究进展

室温室压下，AlN 有 3 种晶体结构：（1）纤锌矿结构（wz-AlN），该结构为密排六方结构，晶类为6mmm，单胞含原子数为4，如图1-1（a）所示；（2）闪锌矿结构（zb-AlN），该结构为晶类$\bar{4}3m$的面心立方结构，结构单胞含原子8个，如图1-1（b）所示；（3）岩盐矿（rock salt）结构（rs-AlN），该结构也为面心立方，结构单胞中含原子8个，不同于zb-AlN的是其晶类为$m\bar{3}m$，如图1-1（c）所示。上述3种AlN晶体的结构信息如空间群晶格参数、密度和原子占位坐标见表1-1。其中，wz-AlN在室温室压下最稳定；rs-AlN在高温高压下最稳定；zb-AlN无论在低压还是高压区域都是亚稳结构。实验研究发现，zb-AlN可以通过固态反应能合成[17]，wz-AlN经过高压技术可以转变为rs-AlN，高压相变的压力在14~16.6 GPa[18~21]。

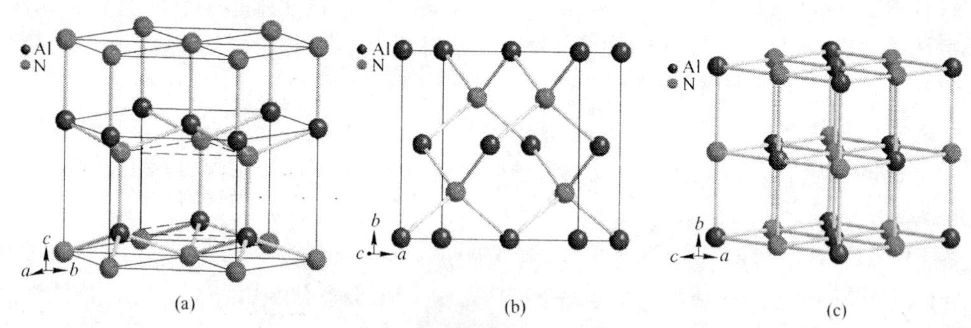

图1-1 AlN多型体结构模型图

（a）wz-AlN结构模型；（b）zb-AlN结构模型；（c）rs-AlN结构模型

表1-1 AlN多种多型体的结构信息

结构	空间群	晶格参数/Å		密度	原子占位坐标
		a	c	ρ/g·cm^{-3}	
wz	P63mc	3.125	5.008	3.214	Al（1/3，2/3，0）；N（1/3，2/3，0.382）
zb	F$\bar{4}$3m	4.396	—	3.205	Al（0，0，0）；N（1/4，1/4，1/4）
rs	Fm$\bar{3}$m	4.032	—	4.039	Al（0，0，0）；N（1/2，1/2，1/2）

AlN高压相变的理论研究也同样备受关注。早在1973年，Van Vechten预测出一种在90 GPa发生的相变[22]，相变产物为类似β-Sn结构（对于双元体系，这种结构也即d-β-Sn，空间群为I$\bar{4}$m2[23,24]）的氮化铝。然而d-β-Sn结构已经被证实在一些Ⅲ-Ⅴ/Ⅱ-Ⅵ化合物中是不存在的[25]，并且在任何压力范围内都没有存在的优势[26]。在早期的理论研究中，人们也常把Ⅲ-Ⅴ和Ⅱ-Ⅵ中常见的一些结构当作AlN多型体的候选结构进行研究[26,27]。此外，Christensen提出在30~40 GPa范围内存在另外一种相变：rs→NiAs[27]。然而，直到132 GPa高压，也没有NiAs-AlN的出现[28]。Serrano通过理论阐述了NiAs不可能作为AlN的高压相而出现[26]。Christensen研究发现anti-NiAs结构也不是AlN的高压相[27]，这和Serrano的研究结论一致[26]。通过大量的理论研究，Serrano等人得出了cinnabar和sc16等结构都不能存在于AlN中[26]的结论。

1.1.2 AlP 多型体及高压相变研究进展

不同于 AlN，在室温室压下，AlP 以 zb-AlP 结构稳定存在，结构如图 1-2（a）所示。早在 1973 年，Van Vechten 通过一种半经验的方法提出了Ⅲ-Ⅴ族化合物在高压下会转变为具有金属导电性的 β-Sn 相（d-β-Sn，如图 1-2（b）所示）[22]。3 年后，Wanagel 等人实验中通过测量发现半导体的 zb-AlP 加压会转变为导电相，同时指出这种高压导电相可能是岩盐矿结构 AlP（rs-AlP）而不是 d-β-Sn结构[29]。1978 年 Yu 等人通过 X 射线衍射分析 AlP 的高压相变，发现高压导电相可能既不是 rs-AlP 也不是 d-β-Sn-AlP[30]。1983 年，Froyen 和 Cohen 通过理论研究发现，相较于 d-β-Sn-AlP，六方晶系的 NiAs 结构 AlP（NiAs-AlP）和 rs-AlP 更稳定[31]，分别如图 1-2（c）和图 1-2（d）所示。4 年后，Zhang 和 Cohen 研究得到同样的结论：rs-AlP 比 d-β-Sn-AlP 更稳定，同时 rs-AlP 和 NiAs-AlP 具有非常相似的焓值[32]。1992 年，Chin-Yu 等人通过理论研究提出了纤锌矿结构 AlP（wz-AlP）[33]，如图 1-2（e）所示。然而 AlP 的高压结构直到 1994 年依旧未解。Greene 等人[14]通过金刚石对顶压砧实验（Diamond Anvil Cell：DAC）结合 X 射线分析，证实了 zb-AlP 会经历一级相变，转变为 NiAs-AlP，其相变压力与 Froyen、Cohen[31]和 Zhang、Cohen[32]预测的相近。此外，1995 年 Van 等人[34]提出在高达 199.8 GPa 下 AlP 会转变为 d-β-Sn-AlP。1999 年，Mujica 等人[35]通过对 AlX（X = N，P，As）化合物的高压研究，提出了 Cmcm 结构的 AlP（Cmcm-AlP）（见图 1-2（f））能够在 52.5～100 GPa 范围内存在，同时他们提出了 AlP 的高压相变序列：zb→NiAs（7.7 GPa）→Cmcm（52 GPa）→CsCl（约 100 GPa）。CsCl 结构的 AlP 如图 1-2（g）所示，上述 AlP 多型体结构的具体结构信息如空间群晶格参数、密度和原子坐标信息见表 1-2。

1.1.3 AlAs 多型体及高压相变研究进展

类似于 AlP，AlAs 在室温室压下以闪锌矿结构（zb-AlAs，如图 1-3（a）所示）稳定存在。早在 1983 年，Froyen 和 Cohen 在研究 AlAs 高压下结构性质时，发现加压过程中 zb-AlAs 会相变为 rocksalt（岩盐矿结构）相（rs-AlAs，如图 1-3（b）所示）或者 NiAs 相（NiAs-AlAs，如图 1-3（c）所示）[31]。若干年后，Weinstein 等人在 DAC 实验中观察到 AlAs 的高压相变[36]，随后，研究人员通过 Raman 光谱分析，发现在加压到约 12.4 GPa 时存在 AlAs 的相变，遗憾的是结构未解[37]。在接下来的一段时间内，实验研究 AlAs 的相变吸引了相当大的关注。1994 年，Greene 等人通过能散 X 射线（energy-dispersive X-ray）率先观察到 AlAs 在（7±5）GPa 存在一级相变：zb-AlAs → NiAs-AlAs[38]。随后，Onodera

等人结合 X 射线衍射和电阻测量，发现加压过程中 zb-AlAs → NiAs-AlAs 发生在 14.2 GPa[39]。

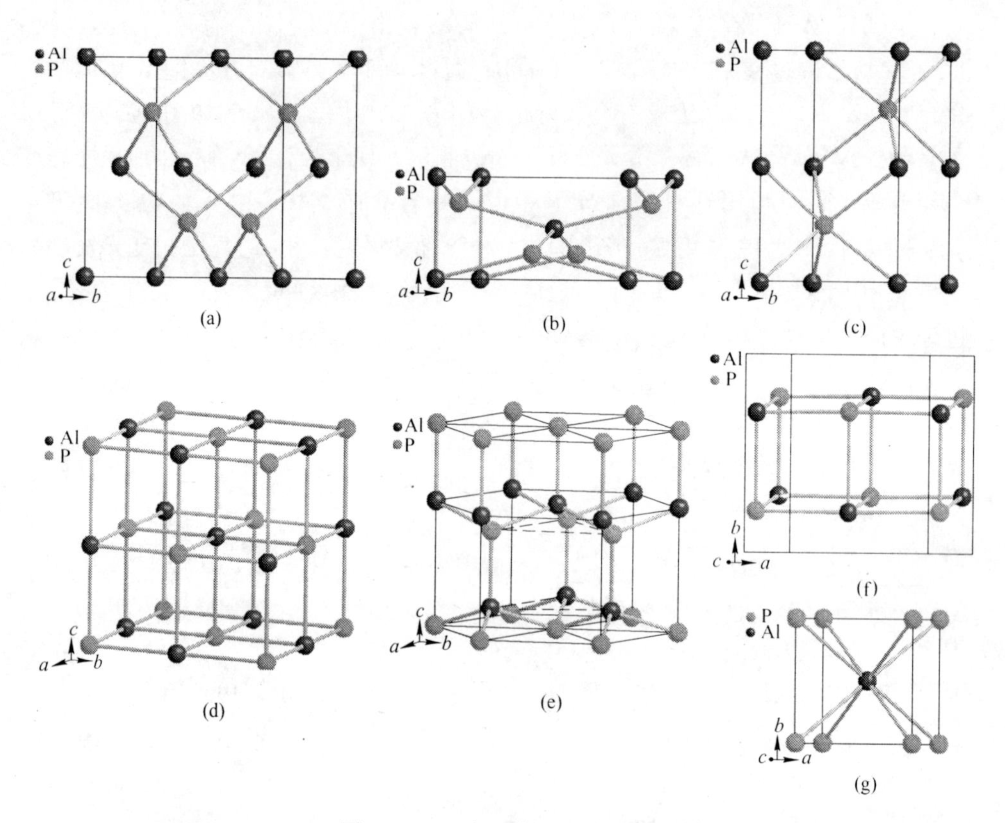

图 1-2 AlP 多型体结构模型图

(a) zb-AlP；(b) d-β-Sn-AlP；(c) NiAs-AlP；(d) rs-AlP；(e) wz-AlP；
(f) Cmcm-AlP；(g) CsCl-AlP

表 1-2 AlP 多种多型体的结构信息

结构	空间群	晶格参数/Å			密度	原子占位坐标
		a	b	c	ρ/g · cm^{-3}	
zb	$F\bar{4}3m$	5.501	—	—	2.312	Al (0, 0, 0); P (1/4, 1/4, 1/4)
NiAs	$P6_3/mmc$	2.855	—	4.883	2.970	Al (0, 0, 0); P (2/3, 1/3, 1/4)
Cmcm	Cmcm	5.000	5.035	4.950	3.092	Al (0, 0.717, 0.75); P (0, 0.778, 0.25)
rs	$Fm\bar{3}m$	5.067	—	—	2.960	Al (1/2, 1/2, 1/2); P (0, 0, 0)
wz	P63mc	3.883	—	6.375	2.312	Al (1/3, 2/3, 0); P (1/3, 2/3, 3/8)
d-β-Sn	$I\bar{4}m2$	5.110	—	2.537	2.905	Al (0, 0, 0); P (0, 1/2, 1/4)
CsCl	$Pm\bar{3}m$	3.111	—	—	3.195	Al (1/2, 1/2, 1/2); P (0, 0, 0)

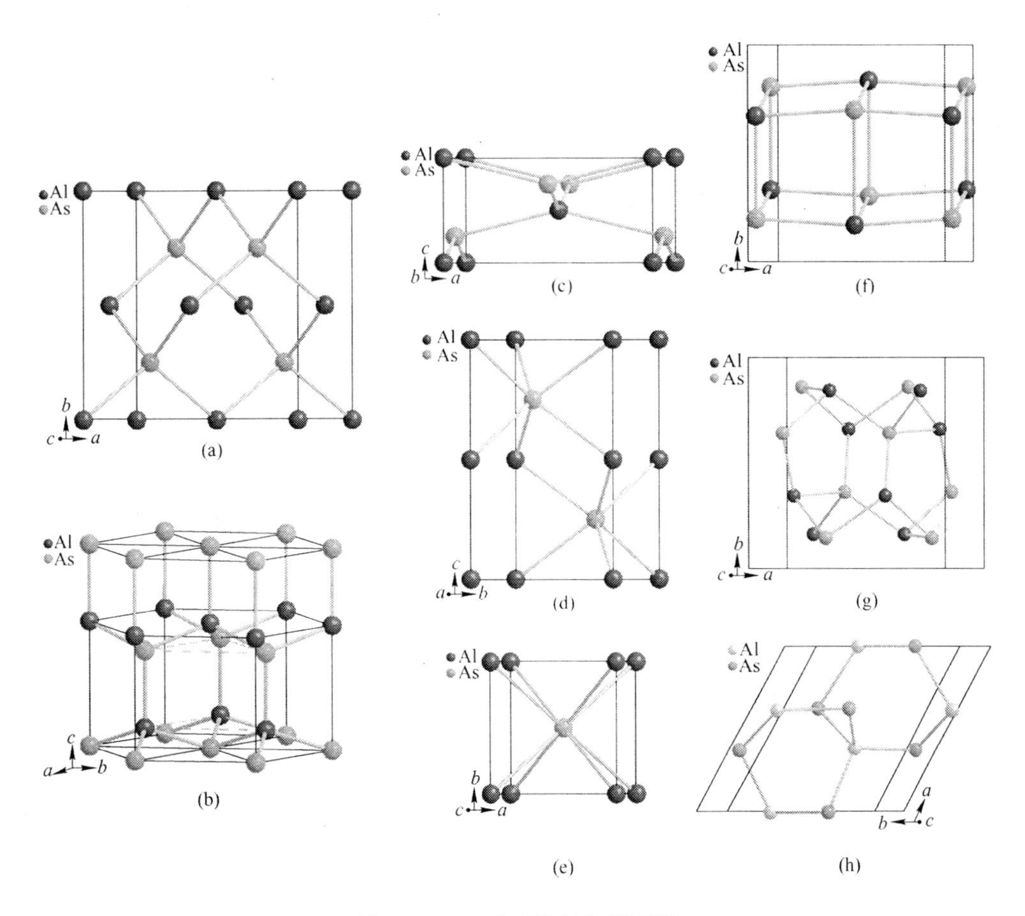

图 1-3 AlAs 多型体结构模型图

(a) zb-AlAs; (b) rs-AlAs; (c) NiAs-AlAs; (d) CsCl-AlAs; (e) Cmcm-AlAs; (f) cinnabar-AlAs; (g) sc16-AlAs; (h) wz-AlAs

关于 AlfAs 高压相变的理论研究同样取得了巨大的进展。计算的 zb-AlAs→NiAs-AlAs相变平衡压力集中在 6.1~9.15 GPa 范围内[40~42]。Mujica 等人预测 NiAs-AlAs 在继续加压中会逐渐失稳并在 77.9 GPa 转变为 CsCl 型 AlAs (CsCl-AlAs, 如图 1-3 (d) 所示)[42]。其他的一些结构，例如 Cmcm 型、cinnabar 型和 sc16 型 AlAs (即为 Cmcm-AlAs、cinnabar-AlAs 和 sc16-AlAs 结构，分别如图 1-3(e)~1-3 (g) 所示) 作为候选结构也被科研者研究[35,42]。研究发现在一定压力范围内，Cmcm-AlAs 能稳定存在，然而由于热力学不稳定，cinnabar-AlAs 和 sc16-AlAs 在任何压力区间内都只能以亚稳相存在[35,42]。同时在 1992 年，理论研究提出了 wurtzite 结构的 AlAs (wz-AlAs，如图 1-3 (h) 所示)[37]，其性质随后被人们跟进研究[43,44]。以上介绍的 AlAs 多型体的结构信息见表 1-3。

表 1-3 AlAs 多种多型体的结构信息

结构	空间群	晶格参数/Å			密度	原子占位坐标
		a	b	c	ρ/g·cm^{-3}	
zb	$F\bar{4}3m$	5.727	—	—	3.604	Al (0, 0, 0); As (1/4, 1/4, 1/4)
NiAs	$P6_3/mmc$	3.784	—	5.976	4.567	Al (0, 0, 0); As (2/3, 1/3, 1/4)
Cmcm	Cmcm	5.274	5.809	4.938	4.474	Al(0, 0.348, 0.25); As(0, 0.791, 0.25)
rs	$Fm\bar{3}m$	5.294	—	—	4.561	Al (1/2, 1/2, 1/2); As (0, 0, 0)
wz	P63mc	4.042	—	6.642	3.601	Al (1/3, 2/3, 0); As (1/3, 2/3, 3/8)
d-β-Sn	$I\bar{4}m2$	5.433	—	2.623	4.370	Al (0, 0, 0); As (0, 1/2, 1/4)
CsCl	$Pm\bar{3}m$	3.305	—	—	4.686	Al (1/2, 1/2, 1/2); As (0, 0, 0)
sc16	$Pa\bar{3}$	7.006	—	—	3.936	Al (0.16, 0.16, 0.16); As (0.36, 0.14, 0.86)
cinnabar	$P3_12_1$	6.377	—	3.919	3.678	Al (3/8, 3/8, 1/2); As (0, 3/8, 2/3)

1.2 待解决问题

材料的结构和化学组分共同决定着材料的性质。对于特定组分的化合物而言，性质受结构的影响至关重要。纵观先前的研究不难发现，在先前有关新型结构的理论研究存在着如下问题：

(1) 同类型化合物（同周期、同主族等）采用原子替换等经验方法来获取新型结构，没有广域的结构搜索和分析软件，容易导致遗漏。

(2) 以能量为依据，判断新结构是否能稳定存在，缺乏动力学和弹性力学稳定性判断分析。

(3) 缺乏指导意义与对比分析，如对新结构缺乏必要且全面的性质分析，不同结构之间的性质差异缺乏对比。

1.3 分析方法

1.3.1 第一性原理

基于原子核及核外电子相互作用的原理及其基本运动规律，结合量子力学知识，以具体需求为出发点，采取近似处理的方法来求解薛定谔方程（Schrödinger equation）的算法，即为第一性原理（First Principles）[45]。第一性原理计算是指从所研究材料组分的原子出发，运用量子力学及基本物理规律，通过自洽计算来确定指定对象的几何构型、电子结构、力学、热学、电学、光学等性能的方法。通过计算可以从理论上对材料结构和性能发生的改变进行解释和说明，并预言材料的物理现象和物理规律，进而根据材料性能为生产应用选用材料提供依据，同时也能对材料进行针对性的改性设计。

第一性原理是基于量子力学的理论，诞生于20世纪中后期，然而其发展受计算机数据处理能力的限制。近年来，大数据的快速读取存储、CPU的并行运算、服务器的智能化管理、云计算服务的发展等计算技术的突飞猛进和相关量子力学理论知识的快速发展，带动了计算材料学的迅速发展。计算材料学作为一门新兴学科受到了广泛关注，它的诞生和发展在实验和理论上对材料研究的发展产生着深远的影响。计算材料学的前瞻性和高性价比等特性在很大程度上指导着实验的方向，能革新实验研究方法，并提供可能的实验路径，使实验建立在合理的理论基础上，有效降低乃至避免了研究过程中的非必要的人力、财力等资源的浪费。以下将简明扼要介绍第一性原理的一个重要方向——密度泛函理论。

从头计算法 ab initio[46]是众多的量子力学计算法中应用最广泛的一种，与经验/半经验法相比，它具有明显的优势。其基本思想是：将多原子体系看作由原子核和电子组成的多粒子体系，然后通过一些基本常数，比如普朗克常数、玻耳兹曼常数和电子的质量等去计算多粒子体系所有电子的积分，然后通过求解其Schrödinger方程来获得该体系各方面的信息。为了便于进行求解，需要引入以下三个近似：（1）非相对论近似：围绕原子核附近高速运动的电子的质量，相对论下质量为变量，而考虑到电子速度远小于光子速度，非相对论近似下用电子的静止质量代替真实质量；（2）绝热近似（即Born-Oppenheimer近似）：基于质量上原子核远大于电子，电子高速运动，而原子核只在平衡位置附近做热振动，在求解Schrödinger方程时将电子和原子核的运动分开处理；(3)单电子近似（即轨道近似）[47]：绝热近似后，多粒子体系的问题简化为多电子问题，再通过单电子近似，即可简化为可求解的单电子问题。单电子近似是假定每一个电子所受其他电子的库仑作用以及电子波函数反对称带来的交换作用，近似为平均的等效势场。

密度泛函理论DFT是研究多电子体系电子结构的量子力学方法，它在材料、物理、药学和化学上都有广泛的应用，特别是用来研究凝聚态物质的结构和性质。它起源于Thomas-Fermi模型[48]，在此基础上，Hohenberg和Kohn在1964年提出了Hohenberg-Kohn定理[49]。随后，Kohn和沈吕九推导出了著名的Kohn-Sham方程[50]。直到1989年，Jones和Gunnarsson[51]总结并归纳出密度泛函理论体系的核心内容：无论体系中电子之间是否存在相互作用，多粒子波函数都可被电子的态密度所代替，电子的态密度决定体系基态物理性质的基本变量。至此，科研工作者正式建立了密度泛函理论。DFT理论不仅给出了将多电子简化为单电子的理论基础，而且还给出了如何计算单电子有效势的理论依据，使得DFT成为凝聚态物理领域中计算材料电子结构以及其他特性的最有力工具。

1.3.2 量子力学软件介绍

CASTEP（Cambridge Serial Total Energy Package）是一套由英国剑桥大学凝聚态理论小组开发的量子力学计算程序[52,53]。通过密度泛函计算，该软件可以对晶体模型进行优化得到最合理的结构形式、基态能量和电子结构等，除此之外，它还可以计算如弹性模量、结合能等其他的物理量，还能模拟处理材料表面界面及固态材料如半导体、陶瓷、金属、矿物和沸石等问题。

CASTEP 基于密度泛函理论，可以实现对结构优化、单点能计算、弹性常数、声子散射谱以及材料的力、热、声、光、电等物理性质的研究，同时还能对结构进行 X 射线、红外拉曼、核磁共振等图谱模拟。CASTEP 不仅在三维周期材料、二维表界面、一维纳米管线材、零维团簇有着重要应用，而且在固态相变、反应过渡态的研究中扮演重要角色。在 CASTEP 执行计算的过程中，它通过平面波基组展开晶体的波函数，用赝势方法处理芯区对价电子的作用。CASTEP 模块结合了赝势和平面波基组，可以计算体系中所有粒子的受力。计算得到的总能量包括动能、交换关联能以及库仑作用静电能，这三种能量都是关于电子密度的函数。采用 GGA 或 LDA 去处理电子之间相互作用的交换关联效应，静电能只考虑作用在价电子上的有效势，电子状态方程可以通过数值求解获得。分子轨道的波函数则是通过原子轨道的线性组合来构成，可以用电子气密度来描述，最后通过 SCF 迭代获得电子气密度并求得体系的总能量。

1.3.3 晶体结构预测方法

晶体结构影响着材料的性能，尤其在材料组分已定的情况下。实验上主要通过测量材料的 X 射线衍射谱，然后经过拟合等方式去确定晶体结构。但是，实验往往受样品纯度、衍射信号强弱等诸多因素限制。尤其在极端条件下，实验测量尤为困难，得到的 X 射线衍射谱范围小或信号很弱，晶体结构信息的确定也异常困难。因此，理论研究晶体结构并辅以实验证明对于研究一定条件下材料的物理性质和设计新型功能材料具有十分重要的科学意义。

然而从理论上预测晶体结构还是十分困难的。根据能量最低原理，能量越低，晶体结构就越稳定，因此可以通过优化势能面能量极小值附近的位形去确定具有最低能量的最佳结构。但是，如果初始位形的能量不是很接近全局最小值，就有可能陷入局域的能量低谷，一旦如此就很难找到能量最低的结构。目前的晶体结构预测方法可以分为三类：第一类包括穷举法、替代法和随机算法等，如果在已有的晶体结构数据库中搜索，前两种方法很容易实现，后一种虽然准确，但需要较长的时间去保证晶体自由能面搜索的范围；第二类是基于从头算的分子动力学方法，该方法的缺点在于对初始结构具有很强的依赖性，可能遗漏合理的结构；第三类是基于遗传算法的遗传演化算法和最近发展的粒子群优化算法，这类算法的优点在于不依赖于初始结构，而且精度高，搜索范围广，缺点在于不能给出相变路径。本节的工作主要采用遗传演化算法，下面简单地介绍一下这种方法。

CALYPSO（Crystal structure AnaLYsis by Particle Swarm Optimization）[54~56]是近年来非常流行的一种高效的晶体结构预测软件。该软件是马琰铭教授课题组开发的基于密度泛函理论的新一代结构搜索软件，因其在高压条件下材料新奇物相的预言前瞻性，设计超导、超硬或热电等功能材料以及研究极端条件下物质的稳定性等量子力学材料和分子模拟领域取得的突出成绩，而于 2016 年 12 月 13 日荣获意大利国际理论物理中心（ICTP，International Centre for Theoretical Physics）和 Quantum ESPRESSO 基金会的首届沃尔特-科恩（Walter-Kohn）奖。它吸纳了粒子群优化算法 PSO（Particle Swarm Optimization）结构演变的优点并进化提高了结构预测的效率，可以寻找某体系化合物的基态及亚稳态的结构，在计算的过程中需要设定材料的化学元素配比和给定外界条件（如压力、温度），是一种非经验的晶体结构预测方法。CALYPSO 软件的主要特点是：

（1）只需要确定的化学组分、配比和外部环境条件（如压力），即可实现零维纳米粒子或团簇、二维层状结构和三维晶体的稳定或亚稳态的预测。

（2）可以实现特定导向的功能材料理论设计，如超硬材料、光学材料及超导材料等。

（3）在结构演化进程中可以自由选择全局或局域粒子群优化等算法。

（4）能够实现变化学组分的结构预测。

（5）可以对结构参数进行有效的限制，如固定空间群、固定晶格参数、固定部分原子位置等。

（6）CALYPSO 软件具有强大的兼容性，支持与 VASP、CASTEP、Quantum Espresso、GULP、Gaussian 等程序的对接。

（7）用 Fortran95 编写，可以对任务动态分配内存。

首先 CALYPSO 随机地产生原子位置和晶格基矢，通过原子的分数坐标和晶格基矢矩阵对结构的周期性进行描述。然后调用 VASP 等兼容程序进行局域优化，从局域优化的结果中选出能量较低的结构作为父结构通过以下 3 种变换中的一种或几种操作来产生新的下一代候选结构（子结构）：（1）遗传（heredity），父辈中两个被选择的个体分别贡献出一块切片重新组合后产生下一代的候选结构，并且子结构的晶格参数由两个父结构的晶格参数加随机权重来获得；（2）变异（mutation），交换随机选定的一组原子的位置；（3）变换（permutation），改变晶胞的形状。所产生的候选结构需满足原子之间的距离要大于给定的最小值，去掉多余的非物理结构，同时选择能量较低的迭代进行下一代计算。目前，这种方法已在众多晶体的亚稳结构及高压结构预测中取得了很大成功。

本书采用最先进的结构搜索程序之一：CALYPSO（Crystal structure AnaLYsis by Particle Swarm Optimization）对 AlX 体系进行全面的结构搜索预测并结合手动建模方法，以期找到真正合理的新型结构，同时结合材料综合量子力学计算软件 CASTEP 来对结构进行稳定性分析以及性质的全面分析判断，为新材料的合成和应用提供指导。

参考文献

[1] Li J, Nam K B, Nakarmi M L, et al. Band structure and fundamental optical transitions in wurtzite AlN [J]. Appl. Phys. Lett., 2003, 83: 5163-5165.

[2] Slack G A, Tanzilli R A, Pohl R, et al. The intrinsic thermal conductivity of AlN [J]. J. Phys. Chem. Solids, 1987, 48: 641-647.

[3] Khor K, Cheng K, Yu L, et al. Thermal conductivity and dielectric constant of spark plasma sintered aluminum nitride [J]. Mater. Sci. Eng. A, 2003, 347: 300-305.

[4] Dean J A. Lange's chemistry handbook [M]. 1999.

[5] Martienssen W, Warlimont H. Springer handbook of condensed matter and materials data [M]. Springer, Heidelberg, 2005.

[6] Yonenaga I, Nikolaev A, Melnik Y, et al. MRS Proceedings, Cambridge Univ. Press, 2001, pp. 426-427.

[7] Yonenaga I. Hardness of bulk single-crystal GaN and AlN [J]. MRS Internet J. Nitride Semicond. Res., 2002, 7: 1-4.

[8] Kazan M, Moussaed E, Nader R, et al. Elastic constants of aluminum nitride [J]. Phys. Status Solidi C, 2007, 4: 204-207.

[9] Çiftci Y Ö, Çolakoğlu K, Deligöz E. Structural, elastic and electronic properties of AlN: A first principles study [J]. Phys. Status Solidi C, 2007, 4: 234-237.

[10] Wang A J, Shang S L, Du Y, et al. Structural and elastic properties of cubic and hexagonal TiN and AlN from first-principles calculations [J]. Comput. Mater. Sci., 2010, 48: 705-709.

[11] Svedberg L M, Arndt K C, Cima M J. Corrosion of aluminum nitride (AlN) in aqueous cleaning solutions [J]. J. Am. Ceram. Soc., 2000, 83: 41-46.

[12] Lorenz M, Chicotka R, Pettit G, et al. The fundamental absorption edge of AlAs and AlP [J]. Solid State Commun., 1970, 8: 693-697.

[13] Corbridge D E C. Phosphorus-an outline of its chemistry, biochemistry and technology [M]. Elsevier Science Publishers BV, 1985.

[14] Greene R G, Luo H, Ruoff A L. High pressure study of AlP: Transformation to a metallic NiAs phase [J]. J. Appl. Phys., 1994, 76: 7296-7299.

[15] Adachi S. GaAs, AlAs, and $Al_xGa_{1-x}As$: Material parameters for use in research and device applications [J]. J. Appl. Phys., 1985, 58: R1-R29.

[16] Guo L. Structural, energetic, and electronic properties of hydrogenated aluminum arsenide clusters [J]. J. Nanopart. Res., 2011, 13: 2029-2039.

[17] Petrov I, Mojab E, Powell R C, et al. Synthesis of metastable epitaxial zinc-blende-structure AlN by solid-state reaction [J]. Appl. Phys. Lett., 1992, 60: 2491.

[18] VOLLSTÄDT H, ITO E, AKAISHI M, et al. High pressure synthesis of rocksalt type of AlN [J]. Proc. Jpn. Acad.: B, 1990, 66: 7-9.

[19] Xia Q, Xia H, Ruoff A L. Pressure-induced rocksalt phase of aluminum nitride: A metastable structure at ambient condition [J]. J. Appl. Phys., 1993, 73: 8198-8200.

[20] Gorczyca I, Christensen N, Perlin P, et al. High pressure phase transition in aluminium nitride [J]. Solid State Commun, 1991, 79: 1033-1034.

[21] Wang Z, Tait K, Zhao Y, et al. Size-induced reduction of transition pressure and enhancement of bulk modulus of AlN nanocrystals [J]. J. Phys. Chem. B, 2004, 108: 11506-11508.

[22] Van Vechten J. Quantum dielectric theory of electronegativity in covalent systems. Ⅲ. Pressure-temperature phase diagrams, heats of mixing, and distribution coefficients [J]. Phys. Rev. B, 1973, 7: 1479-1507.

[23] Nelmes R, McMahon M. Structural transitions in the group Ⅳ, Ⅲ-V, and Ⅱ-Ⅵ semiconductors under pressure [J]. Semiconduct. Semimet., 1998, 54: 145-246.

[24] Ackland G J. High-pressure phases of group Ⅳ and Ⅲ-V semiconductors [J]. Rep. Prog. Phys., 2001.

[25] Nelmes R, McMahon M, Belmonte S. Nonexistence of the diatomic β-tin structure [J]. Phys. Rev. Lett., 1997, 79: 3668-3671.

[26] Serrano J, Rubio A, Hernández E, et al. Theoretical study of the relative stability of structural phases in group-Ⅲ nitrides at high pressures [J]. Phys. Rev. B, 2000, 62: 16612-16623.

[27] Christensen N E, Gorczyca I I. Calculated structural phase transitions of aluminum nitride under pressure [J]. Phys. Rev. B, 1993, 47: 4307-4314.

[28] Uehara S, Masamoto T, Onodera A, et al. Equation of state of the rocksalt phase of Ⅲ-V nitrides to 72 GPa or higher [J]. J. Phys. Chem. Solids, 1997, 58: 2093-2099.

[29] Wanagel J, Arnold V, Ruoff A L. Pressure transition of AlP to a conductive phase [J]. J. Appl. Phys, 1976, 47: 2821-2823.

[30] Yu S, Spaln I, Skelton E. High pressure phase transitions in tetrahedrally coordinated semiconducting compounds [J]. Solid State Commun, 1978, 25: 49-52.

[31] Froyen S, Cohen M L. Structural properties of Ⅲ-V zinc-blende semiconductors under pressure [J]. Phys. Rev. B, 1983, 28: 3258-3265.

[32] Zhang S B, Cohen M L. High-pressure phases of Ⅲ-V zinc-blende semiconductors [J]. Phys. Rev. B, 1987, 35: 7604-7610.

[33] Yeh C Y, Lu Z, Froyen S, et al. Zinc-blende-wurtzite polytypism in semiconductors [J].

Phys. Rev. B, 1992, 46: 10086-10097.

[34] Van Camp P, Van Doren V. High pressure phase transitions in aluminum phosphide [J]. Solid State Commun., 1995, 95: 173-175.

[35] Mujica A, Rodríguez-Hernández P, Radescu S, et al. AlX (X = As, P, Sb) compounds under pressure [J]. Phys. Status Solidi B, 1999, 211: 39-43.

[36] Weinstein B, Hark S, Burnham R, et al. Phase transitions in AlAs/GaAs superlattices under high pressure [J]. Phys. Rev. Lett., 1987, 58: 781-784.

[37] Venkateswaran U, Cui L, Weinstein B, et al. Forward and reverse high-pressure transitions in bulklike AlAs and GaAs epilayers [J]. Phys. Rev. B, 1992, 45: 9237-9247.

[38] Greene R G, Luo H, Li T, et al. Phase transformation of AlAs to NiAs structure at high pressure [J]. Phys. Rev. Lett., 1994, 72: 2045-2048.

[39] Onodera A, Mimasaka M, Sakamoto I, et al. Structural and electrical properties of NiAs-type compounds under pressure [J]. J. Phys. Chem. Solids, 1999, 60: 167-179.

[40] Liu G, Lu Z, Klein B M. Pressure-induced phase transformations in AlAs: Comparison between ab initio theory and experiment [J]. Phys. Rev. B, 1995, 51: 5678-5681.

[41] Cai J, Chen N X. Theoretical study of pressure-induced phase transition in AlAs: From zinc-blende to NiAs structure [J]. Phys. Rev. B, 2007, 75: 174116.

[42] Mujica A, Needs R J, Munoz A. First-principles pseudopotential study of the phase stability of the Ⅲ-V semiconductors GaAs and AlAs [J]. Phys. Rev. B, 1995, 52: 8881-8892.

[43] Wang S, Ye H. A plane-wave pseudopotential study on Ⅲ-V zinc-blende and wurtzite semiconductors under pressure [J]. J. Phys.: Condens. Matter, 2002, 14: 9579-9587.

[44] Srivastava A, Tyagi N. High pressure behavior of AlAs nanocrystals: the first-principle study [J]. High Pressure Res., 2012, 32: 43-47.

[45] 陈舜麟. 计算材料科学 [M]. 北京: 化学工业出版社, 2005.

[46] 徐光宪, 黎乐民, 王德民. 量子化学——基本原理和从头计算法 [M]. 2版. 北京: 科学出版社, 2016.

[47] 黄昆, 韩汝琦. 固体物理学 [M]. 北京: 人民教育出版社, 1966.

[48] Thomas L H. The calculation of atomic fields [J]. Math. Proce. Cambridge Philos. Soc., 2008, 23: 542-546.

[49] Hohenberg P, Kohn W. Inhomogeneous Electron Gas [J]. Phys. Rev., 1964, 136: 864-871.

[50] Sham L J, Kohn W. One-particle properties of an inhomogeneous interacting electron gas [J]. Phys. Rev., 1966, 145: 561-567.

[51] Jones R O, Gunnarsson O. The density functional formalism, its applications and prospects [J]. Rev. Mod. Phys., 1989, 61: 689-746.

[52] Segall M D. Lindan P J D, Probert M J, et al. First-principles simulation: ideas, illustrations and the CASTEP code [J]. J. Phys.: Condens. Matter, 2002, 14: 2717-2744.

[53] Clark S J, Segall M D, Pickard C J, et al. First principles methods using CASTEP [J]. Z.

Kristallogr. , 2005, 220: 567-570.

[54] Wang H, Wang Y C, Lv J, et al. CALYPSO structure prediction method and its wide application [J]. Comput. Mater. Sci. , 2016, 112: 406-415.

[55] Wang Y C, Lv J, Zhu L, et al. CALYPSO: A method for crystal structure prediction [J]. Comput. Phys. Commun, 2012, 183: 2063-2070.

[56] Wang Y C, Lv J A, Zhu L, et al. Crystal structure prediction via particle-swarm optimization [J]. Phys. Rev. B, 2010, 82: 094116.

2　AlX 实验相的性质研究

2.1　概述

AlN 属类金刚石氮化物，最高可稳定到 2200 ℃，其室温强度高，且强度随温度的升高下降较慢，导热性好[1,2]，热膨胀系数小[3,4]，是良好的耐热冲击材料。AlN 抗熔融金属侵蚀的能力强，是熔铸纯铁、铝或铝合金理想的坩埚材料。AlN 还是电绝缘体[5]，介电性质良好，是潜在的电器元件材料。氮化铝是一种陶瓷绝缘体（聚晶体物料为 70~210 W/(m·K)，单晶体更可高达 275 W/(m·K))，使氮化铝有较高的传热能力，致使氮化铝被大量应用于微电子学。氮化铝用金属处理，能取代矾土及氧化铍用于大量电子仪器。

AlP 是间接带隙半导体，其带隙宽带为 2.45 eV[6]。AlP 在工业上能用作发光二极管材料[7]，AlP 也能与 InP 形成在Ⅲ-Ⅴ组化合物异质外延技术中有着重要用途的三元固溶体 $Al_xIn_{1-x}P$ 材料[8]。

由于具有奇特的电子和光学特性，AlAs 结合 GaAs 形成的 $Al_xGa_{1-x}As$ 在光电子器件方面有着重要的应用，例如超晶格布拉格反射镜，异质结双极晶体管，固体激光器，高电子迁移率晶体管，发光二极管，等等[9,10]。

室温室压下，AlN、AlP 和 AlAs 最稳定相分别为 wz-AlN、zb-AlP 和 zb-AlAs。人们通过高压相变、固态反应等方法在室温室压下已经制备出 zb-AlN、rs-AlN 和 NiAs-AlP 等 AlX（X=N，P，As）的多型体。

本章基于密度泛函为主的第一性原理对 AlX 室温室压下能稳定存在的多型体进行力学、热学、电学和光学等性质开展全面的研究，以期为 AlX 化合物的科学研究和工业应用提供翔实的参考和指导。

2.2　计算信息

2.2.1　计算参数

结构的优化在 CASTEP（Cambridge Sequential Total Energy Package）程序[11,12]中进行。交换关联式采用广义梯度近似（GGA，Generalised Gradient Approximation）的 PBE（Perdew Burke Ernzerhof）函数。超软赝势（USPP，Ultrasoft Pseudopotential）[13]被用来描述 Al（$3s^2 3p^1$）和 N（$2s^2 2p^3$）的电子结构。采用

一种能快速获取低能量状态的算法（BFGS，Broyden Fletcher Goldfarband Shanno）[14]来优化指定压力下的结构。整个计算过程中为了保证体系总能量的收敛精度达到 1 meV，平面波截断能设置为 500 eV（AlN）、450 eV（AlP）、550 eV（AlAs），布里渊区（Brillioui n zone）采样网格采用 $2\pi\times0.04$ Å^{-1}来划分[15]。在结构优化的过程中，收敛精度必须达到如下标准：能量（energy）小于 5×10^{-6} eV/atom，力（force）小于 0.01 eV/Å，应力（stress）小于 0.02 GPa 和原子位移（displacement）小于 5×10^{-4} Å，在 CASTEP 中采用线性响应方法（linear respons）[16~18]对结构整个布里渊区的声子散射谱（phonon dispersion spectra）进行了研究。在进行布局分析、计算键的布局数时，截断距离采用 3.0 Å。本节采用 Heyd-Scuseria-Ernzerhof（HSE06）[19]杂化泛函来计算带隙。

2.2.2 结构模型

首先，通过无机晶体结构数据库 ICSD（Inorganic Crystal Structure Database）和晶体学开放数据库 COD（Crystallography Open Database）找到 AlN、AlP 和 AlAs已知实验相的晶体结构文件。其中，zb-AlN、wz-AlN、zb-AlP、zb-AlAs 的编号分别为 191769、671206、190409、190407，rs-AlN 的 COD ID 为 1523095。

2.2.3 布里渊区及路径

众所周知，倒易空间由晶体自身结构决定，晶体结构不同其倒易空间亦不同。对于实验上已经存在的 AlX 化合物多形体结构分为两类：（1）六方晶系，如 wz-AlN 和图 NiAs-AlP，它们的倒易空间均为六方柱体，分别如图 2-1（a）和图 2-1（b）所示，3 条细长线（$g1$、$g2$ 和 $g3$）代表倒易空间 3 个基矢，其中 $g3$ 同时垂直于 $g1$ 和 $g2$ 且 $g1$ 与 $g2$ 夹角为 60°，图 2-1 中粗线所构成区域即为其布里渊区，其路径为 G（0，0，0）→A（0，0，1/2）→H（−1/3，2/3，1/2）→K（−1/3，2/3，0）→G（0，0，0）→M（0，1/2，0）→L（0，1/2，1/2）→H（−1/3，2/3，1/2）；（2）立方晶系，如闪锌矿结构的 AlN、AlP、AlAs 和 rs-AlN，它们的倒易空间均为由 8 个正六边形和 6 个正方形围成的空间几何构型，分别如图 2-1（c）和图 2-1（d）所示，3 条细长线（$g1$、$g2$ 和 $g3$）代表倒易空间 3 个基矢，其中 $g1$、$g2$ 和 $g3$ 三者两两夹角为 120°，图 2-1 中粗线所构成区域即为其布里渊区，其路径为 W（1/2，1/4，3/4）→L（1/2，1/2，1/2）→G（0，0，0）→X（1/2，0，1/2）→W（1/2，1/4，3/4）→K（3/8，3/8，3/4）。

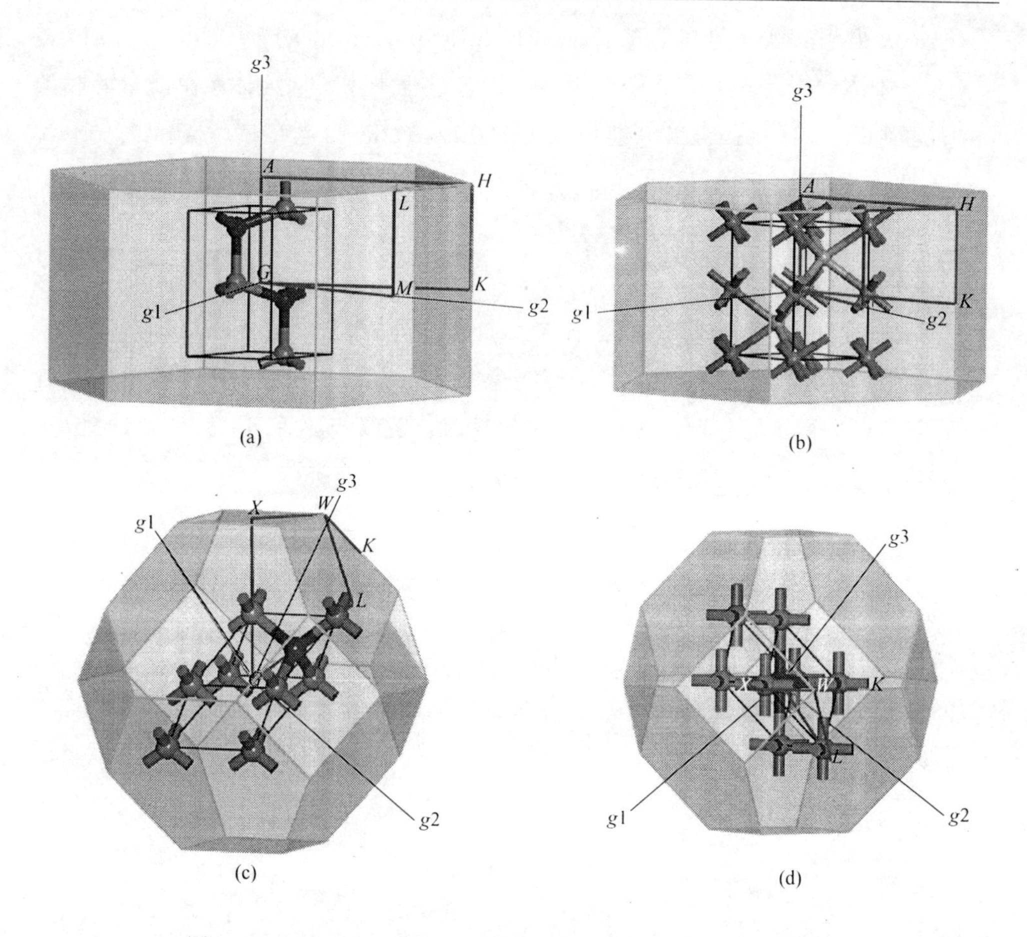

图 2-1　wz、NiAs、zb 和 rs 四种结构原胞的倒易空间和布里渊区

(a) wz; (b) NiAs; (c) zb; (d) rs

2.3　结构优化

基于 2.2 节中提到的计算方法，在室压下进行 AlX（X＝N，P，As）化合物多型体结构的全弛豫优化。优化后 AlX 化合物多型体的结构信息见表 2-1。为了确保计算参数的可靠性和结构模型的准确性，列出了查阅的有关 AlX 化合物不同结构的晶胞参数报道值，见表 2-2，其中既涵盖实验测量值也有计算值。根据对比，发现优化后的结构参数与前人的实验测量以及计算值非常吻合，这也印证了计算参数的可靠性。此外，对比 AlN 的室压稳定相 wz 和高压稳定相 rs，发现高压相有着远高于室压相的理论密度，这是因为压力导致原子靠近，进而形成更致密的结构。

表 2-1 室压下 AlX（X=N，P，As）化合物多型体的结构信息

化合物	晶体结构（C. S.）	空间群（S. N.）	晶胞参数/Å		密度 ρ/g·cm^{-3}	原子坐标（A. W. P.）
			a	c		
AlN	wz	186	3.13	5.01	3.21	Al 2b（0.333，0.667，0）； N 2b（0.333，0.667，0.382）
	zb	216	4.40	—	3.20	Al 4b（0，0，0）； N 4a（0.25，0.25，0.25）
	rs	225	4.07	—	4.04	Al 4b（0.5，0.5，0.5）； N 4a（0，0，0）
AlP	zb	216	5.50	—	2.31	Al 4b（0，0，0）； P 4a（0.25，0.25，0.25）
	NiAs	194	3.59	5.79	2.97	Al 2a（0，0，0.5）； P 2d（0.667，0.333，0.25）
AlAs	zb	216	5.72	—	3.60	Al 4b（0，0，0）； As 4a（0.25，0.25，0.25）

表 2-2 AlX 化合物多型体的晶胞参数公布值

六方结构			立方结构			
结构类型	a/Å	c/Å	结构类型	a/Å	结构类型	a/Å
wz-AlN	3.110[20]	4.980[20]	zb-AlN	4.38[21]	zb-AlAs	5.660[22]
	3.099[23]	4.997[23]		4.401[24]		5.620[23]
NiAs-AlP	3.466[8]	5.571[8]	zb-AlP	5.467[25]	rs-AlN	4.07[26]
	3.584[27]	5.747[27]		5.421[23]		4.0450[28]

2.4 力学性质

要研究材料的力学性质，首先需要了解该材料晶体结构的弹性常数矩阵，然后在弹性常数矩阵的基础上进一步分析各种力学模量、硬度等力学性质。

2.4.1 独立弹性常数

对于具有岩盐矿结构的 rs-AlN（点群为 m $\bar{3}$m）和具有闪锌矿结构的 zb-AlN、zb-AlP、zb-AlA（点群为 $\bar{4}$3m），它们的劳厄类（Laue class）均为 m $\bar{3}$m。它们的弹性常数矩阵具有高度对称性，其内含独立弹性常数 3 个，分别为 C_{11}、C_{44} 和 C_{12}[29,30]。对于具有岩盐矿结构的 rs-AlN（点群为 m $\bar{3}$m）和具有闪锌矿结构的 zb-AlN、zb-AlP、zb-AlAs（点群为 $\bar{4}$3m），它们的劳厄类（Laue class）均为 m $\bar{3}$m。它们的弹性常数矩阵具有高度对称性，其内含独立弹性常数 3 个，分别为 C_{11}、C_{44} 和 C_{12}[29,30]。对于具有纤锌矿结构的 wz-AlN（点群为 6mm）和具有砷化镍结构的 NiAs-AlP（点群为 6/mmm），它们同属于 6/mmm 劳厄类。因其弹性常数矩阵的对称性，导致实际含独立弹性常数 5 个，分别为 C_{11}、C_{33}、C_{44}、C_{12} 和 C_{13}[29,30]。计算所得 AlX 化合物实验相多型结构的独立弹性常数 C_{ij} 见表 2-3。

对比同闪锌矿结构类型的 AlX 化合物，发现随着 X 元素的元素序号增大，C_{11} 逐渐减小，意味着随着 X 元素增大，Al—P 键键强减弱，导致其（100）面的正应力刚度系数逐渐减弱。对于同一组分物质，如 AlN，其高压相结构的 C_{ij} 比室压结构值要高，这也是受高压相比室压相更致密影响导致的。

表 2-3 AlX 化合物多型体的独立弹性常数 C_{ij} （GPa）

独立弹性常数	wz-AlN	zb-AlN	rs-AlN	zb-AlP	NiAs-AlP	zb-AlAs
C_{11}	372.17	280.42	408.53	124.62	158.15	110.97
C_{33}	355.13	—	—	—	129.68	—
C_{44}	113.52	183.22	307.48	60.84	29.60	62.82
C_{12}	122.48	145.13	165.72	59.44	53.98	51.50
C_{13}	92.47	—	—	—	91.11	—

2.4.2 力学性质参数

对于立方晶系结构而言，体积模量（Bulk modulus）B 和剪切模量（Shear modulus）G 的 Voigt 和 Reuss 表达式 B_V、B_R、G_V 和 G_R 可以通过式（2-1）~式（2-3）计算[29]。

$$B_V = B_R = (C_{11} + 2C_{12})/3 \tag{2-1}$$

$$G_V = (C_{11} - C_{12} + 3C_{44})/5 \tag{2-2}$$

$$G_R = 5(C_{11} - C_{12})C_{44}/[4C_{44} + 3(C_{11} - C_{12})] \tag{2-3}$$

对于六方晶系结构而言，$C_{66}=(C_{11}-C_{12})/2$，其体积模量 B 和剪切模量 G 的 Voigt 和 Reuss 表达式 B_V、B_R、G_V 和 G_R 可以通过式（2-4）~式（2-7）计算[29]。

$$B_V=[2(C_{11}+C_{12})+4C_{13}+C_{33}]/9 \tag{2-4}$$

$$B_R=[(C_{11}+C_{12})C_{33}-2C_{13}^2]/(C_{11}+C_{12}+2C_{33}-4C_{13}) \tag{2-5}$$

$$G_V=(C_{11}+C_{12}+2C_{33}-4C_{13}+12C_{44}+12C_{66})/30 \tag{2-6}$$

$$G_R=2.5\{[(C_{11}+C_{12})C_{33}-2C_{13}^2]C_{44}C_{66}\}/\{3B_VC_{44}C_{66}+[(C_{11}+C_{12})C_{33}-2C_{13}^2](C_{44}+C_{66})\} \tag{2-7}$$

已知 AlX(X=N,P，As）化合物实验相的体积模量 B（B_V、B_R）和剪切模量 G（G_V、G_R）可通过式（2-1）~式(2-7）计算[29]，计算结果见表 2-4。此外，鉴于 Voigt 和 Reuss 算法的优缺点，Hill 等人提出 Voigt-Reuss-Hill 关系算法[31]，见式（2-8)，基于 Hill 算法所得体积模量和剪切模量见表 2-4。

$$M_H=(M_R+M_V)/2;\ M=B,\ G \tag{2-8}$$

对比发现，对于 AlN 而言，rs 相具有最大的体积模量 B 和剪切模量 G，其 B 和 G 明显高于室压相 wz；而对于同结构的 zb 相，其体积模量 B 和剪切模量 G 均满足 AlN>AlP>AlAs，这可能由于随着同主族元素（N，P，As）周期数增加，元素半径增大且电负性减弱，在形成 Al—X 化学键时键能减弱，进而导致力学模量下降。

表 2-4 AlX（X=N，P，As）化合物多型体的体积模量 B 和剪切模量 G（GPa）

参数	wz-AlN	zb-AlN	rs-AlN	zb-AlP	NiAs-AlP	zb-AlAs
B_V	190.48	190.23	246.65	81.16	102.04	71.32
B_R	189.89	190.23	246.65	81.16	101.89	71.32
B_H	190.18	190.23	246.65	81.16	101.97	71.32
G_V	123.18	136.99	233.05	49.54	36.24	49.58
G_R	122.41	108.84	190.61	45.18	30.84	43.47
G_H	122.79	122.91	211.83	47.36	33.54	46.53

注：下标 V、R 和 H 分别代表 Voigt、Reuss 和 Hill 算法对应数值。

通过 C_{ij}，可以计算得到结构的体积模量 B 和剪切模量 G，基于 Hill 形式的 B 和 G，进一步获得材料的杨氏模量（Young's modulus）E 和泊松比（Poisson's ratio）σ[31,32]，见式（2-9）。

$$E=9BG/(3B+G);\ \sigma=(3B-2G)/(6B+2G) \tag{2-9}$$

计算所得 E 和 σ 见表 2-5，如表 2-5 所示，wz-AlN 和 zb-AlN 具有相近的杨氏

模量和泊松比。对于 zb 结构的 AlX（X=N，P，As）化合物而言，杨氏模量存在着 $E_{AlN}>E_{AlP}>E_{AlAs}$ 的关系。此外，对于所有已知 AlX 化合物实验相而言，除 NiAs-AlP 的泊松比值高于 0.333，其余物相结构的泊松比均低于 0.333，而泊松比 0.333 是材料韧性脆性的临界值，这说明 NiAs-AlP 呈韧性，而其余物相皆整体呈现出脆性特征。

表 2-5 AlX 化合物多型体的杨氏模量 *E*、维氏硬度 *HV*、泊松比 σ 和通用各向异性指数 A^{μ}

结构类型		E/GPa	σ	A^{μ}	HV/GPa	$HV\text{-}Im$/GPa	HV^{exp} /GPa	HV^{cal} /GPa
AlN	wz	303.13	0.234	0.035	16.99	16.86	17.7[36]	17.6[37]
	zb	303.39	0.234	1.293	17.02	16.89		
	rs	211.83	0.166	1.113	35.41	34.31	约 30[38]	
AlP	zb	118.95	0.256	0.483	7.17	7.66	9.4[39]	9.6[40]；7.9[37]
	NiAs	90.68	0.352	0.876	1.25	3.12		
AlAs	zb	114.65	0.232	0.703	8.47	8.58	5.0[39]	6.3[41]；6.6[34]

注：其中 HV 基于陈星秋提出的硬度公式，$HV\text{-}Im$ 基于田永君提出的改进型硬度经验公式，HV^{exp} 和 HV^{cal} 分别指已报道实验测量硬度值和计算所得硬度值。

实际上，所有的晶体都是具有各向异性的，弹性各向异性对理解陶瓷材料中微裂纹的产生和扩散具有重要意义，并对材料的工程应用产生重大影响。考虑剪切和体积贡献，用通用各向异性指数 A^{μ} 来分析整体各向异性[33]，见式（2-10）。

$$A^{\mu} = 5\frac{G_V}{G_R} + \frac{B_V}{B_R} - 6 \tag{2-10}$$

计算所得 AlX 化合物多型体的通用各向异性指数 A^{μ} 见表 2-5。对于各向同性材料而言，其 A^{μ} 值为零，任何偏离零的值均说明存在各向异性，而偏离的程度预示着各向异性程度。如表 2-5 所示，所有 AlX 化合物实验存在的多型体均具有各向异性，其中对于 AlN 而言，室压稳定相 wz-AlN 各向异性程度最低，远低于其高压相 rs-AlN 和亚稳相 zb-AlN。对于 AlP 而言，zb-AlP 各向异性程度低于 NiAs-AlP 结构。

作为材料力学性质的重要属性，硬度被广泛用来考量材料的性质好坏。这里采用中科院沈阳金属研究所陈星秋研究员提出的硬度经验模型[34]进一步分析了 4 种新相的维氏硬度（Vickers hardness）HV，具体计算公式见式（2-11）。

$$HV = 2(k^2G)^{0.585} - 3;\ k = G/B \tag{2-11}$$

同时，也采用燕山大学田永君教授改进型硬度经验公式[35]，如式（2-12），计算了 AlX 化合物多型体的硬度 HV。注意，在基于式（2-11）和式（2-12）计算维氏硬度 HV 时，B 和 G 采用 Hill 形式值。

$$HV = 0.92k^{1.137}G^{0.708};\ k = G/B \tag{2-12}$$

为了方便比较，将实验测量值和前人计算研究得到的硬度值一并列在表 2-5 中。计算得到的各 AlX 化合物各实验相的硬度与实验上已经报道的测量值很接近，更是与理论计算的结果匹配得很好。对于 AlN，最硬结构为高压最稳定结构 rs-AlN，而 zb-AlN 和室压下最稳定结构 wz-AlN 硬度相近，均为 17 GPa 左右；对 AlP 而言，则不同于 AlN，AlP 室压下最稳定结构 zb-AlP 硬度比高压下相变产物 NiAs-AlP 硬度要高。

2.5 热学性质

2.5.1 声子振动

Kun Huang、Max Born [42] 和 Ashcroft & Mermin [43] 详细介绍了声子（晶格振动）的理论基础。实际晶体中原子以平衡位置为原点做振动，晶格振动的研究最早是从晶体的热力学性质开始的。热容量是热运动在宏观性质上最直接的表现。晶格振动的声子演绎能够解释大量的物理热力学信息，例如吉布斯自由能（Gibbs free energy）G，振动熵（vibrational entropy）S，定容比热容（constant-volume specific heat capacity）C_V，德拜温度（Debye temperature）Θ_D，等等。晶格的振动对晶体的热学性质、电学性质、光学性质、超导电性、磁性、结构相变等都有着密切联系。这里重点介绍 AlX（X = N，P，As）化合物目前在室温室压下实验上存在的 6 种物质结构的热力学性质。德拜温度 Θ_D 是热力学性质的一个重要参量。热力学性质能够对材料工业应用的选择提供依据。很多材料的德拜温度是通过低温测量比热容得到的，有些材料的德拜温度暂时由于难以制得大块单晶而没有被报道。

计算得到室压下 wz-AlN、zb-AlN 和 rs-AlN 各原胞（primitive cell）的声子散射谱和声子态密度如图 2-2 所示，计算得到室压下 zb-AlP 和 NiAs-AlP 各原胞的声子散射谱和声子态密度分别如图 2-3（a）、图 2-3（b）所示，zb-AlAs 各原胞的声子散射谱和声子态密度如图 2-3（c）所示。对于闪锌矿结构而言，原胞为单胞（unit cell）的 1/4，原胞实际含原子 2 个，对于岩盐矿而言，原胞为单胞的 1/4，原胞实际含原子也为 2 个，对于纤锌矿结构和砷化镍结构而言，原胞即为单胞，实际含原子数均为 4 个。

结合声子谱图发现，对于同一组分物质的不同结构，声子谱的最大振动频率不同，对于同一结构的不同组分物质，声子谱的最大振动频率也不同。一般而言，声子谱振动受键能的影响，键能越强声子谱振动频率越高；键能越弱，声子谱振动频率越低。通过闪锌矿结构的 AlN、AlP 和 AlAs 三者声子谱对比，不难发现，随着 X 原子序数增大，AlX 的最大振动频率满足 AlN(26.06 THz) > AlP(14.31 THz) > AlAs(11.96 THz) 的关系，这也与 Al—X 化学键之间的键能大小顺序一致。

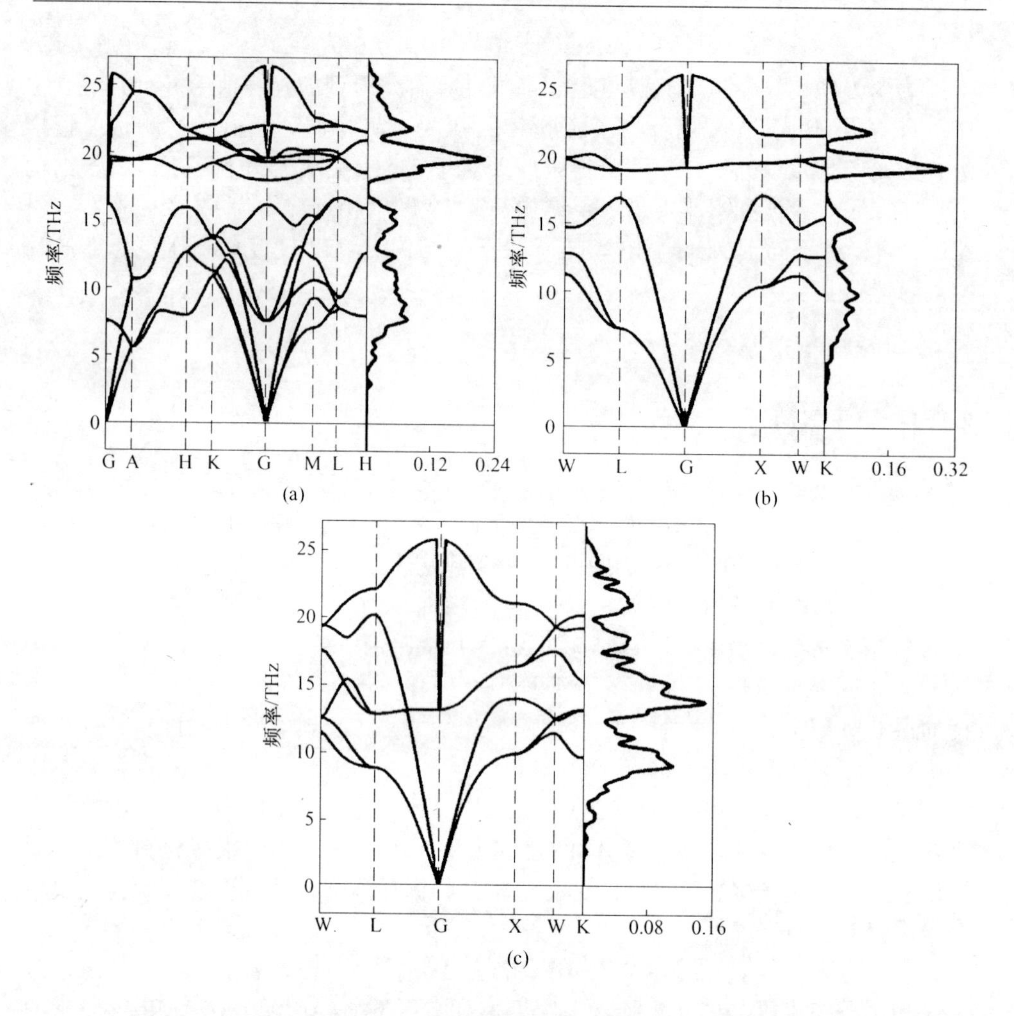

图 2-2 室压下 wz-AlN、zb-AlN 和 rs-AlN 三种结构的声子散射谱（左侧）和对应的声子态密度（右侧）

（a）wz-AlN；（b）zb-AlN；（c）rs-AlN

2.5.2 零点振动能

零点振动能（zero-point vibration energy，E_{zp}）是指量子在绝对零度的温度下保持振动属性对应的能量。关于零点振动能的设想来自量子力学的一个著名概念：海森堡测不准原理，该原理是由海森堡于 1927 年提出，通俗理解为不可能同时指导一个运动粒子的位置和它的速度。一般而言，振动受外界温度影响，温度越高振动幅度越大。零点振动的幅度亦是如此，此外粒子（原子、分子等）质量越轻，其零点振动越明显。E_{zp}可以通过式（2-13）计算：

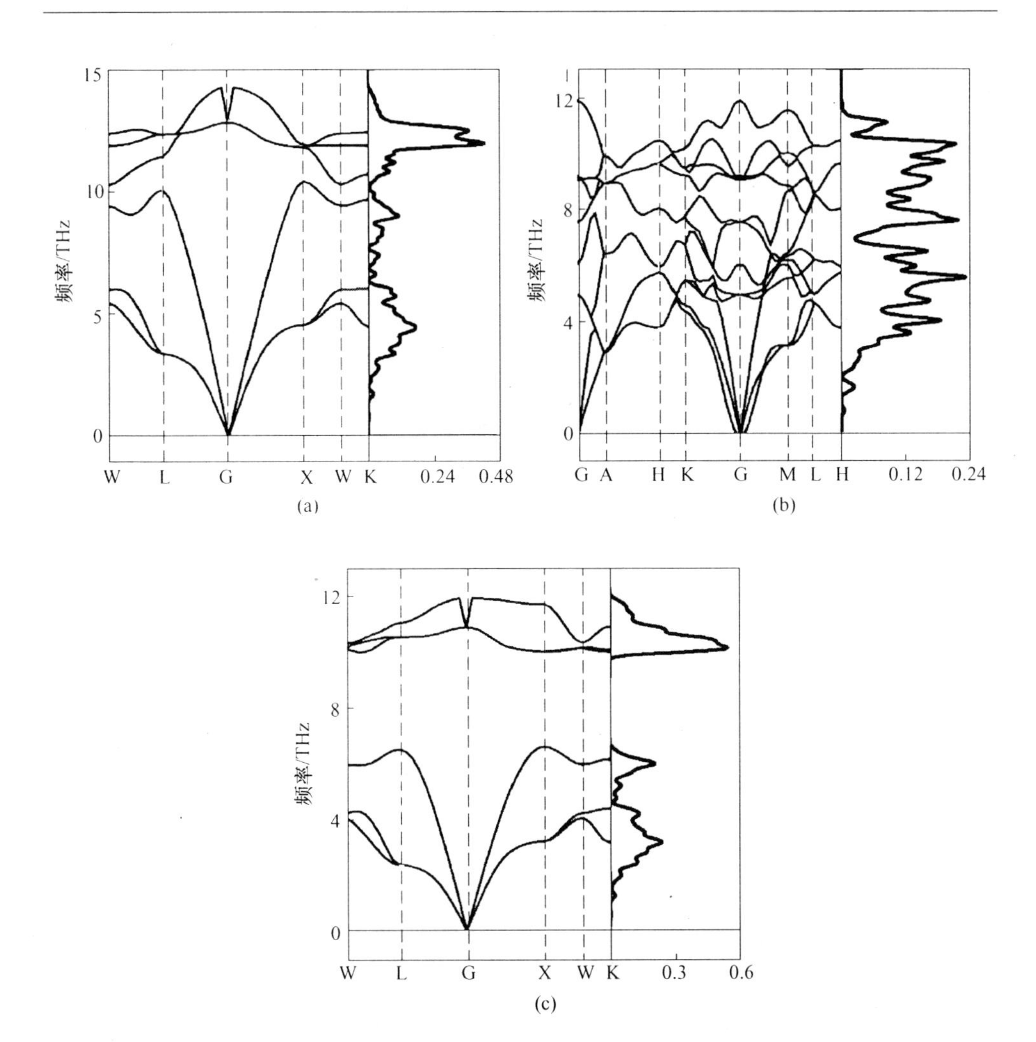

图 2-3 室压下 zb-AlP、NiAs-AlP 和 zb-AlAs 的声子散射谱（左侧）和对应的声子态密度（右侧）

（a）zb-AlP；（b）NiAs-AlP；（c）zb-AlAs

$$E_{zp} = 0.5\int F(\omega)\hbar\omega d\omega \tag{2-13}$$

表 2-6 给出了 AlX 化合物已知实验相的零点振动能 E_{zp} 及其原胞含 AlX 分子式数 Z 的信息。由质能方程可知，能量与物质量有关，因此为了直观比较，将零点振动能归一化。对比闪锌矿结构的 AlX 化合物，发现随着 X 元素质量的增大，其化合物的零点振动能 E_{zp} 呈 $E_{zp(AlN)}>E_{zp(AlP)}>E_{zp(AlAs)}$ 关系，这也与它们的最大声子振动频率相对大小关系完全一致。而对于同一组分的化合物而言，其零点振动能随结构不同而变化，结构相似性越高其零点振动能的差异越小。如 wz-AlN 和 zb-AlN 结构中相异原子均为 4 配位关系，而 rs-AlN 结构中配位关系为

6，这也正是 $E_{zp\,(wz\text{-}AlN)}$ 接近 $E_{zp(zb\text{-}AlN)}$，但却明显高于 $E_{zp(rs\text{-}AlN)}$ 的原因。同样对于 zb-AlP 和 NiAs-AlP 而言，两者结构中相异原子配位关系分别为 4 和 6，其零点振动能亦存在明显差异。

表 2-6　AlX 化合物已知实验相的零点振动能 E_{zp} 及其原胞含 AlX 分子式数 Z

参数	wz-AlN	zb-AlN	rs-AlN	zb-AlP	NiAs-AlP	zb-AlAs
E_{zp}/meV	388. 26	194. 08	177. 15	111. 94	174. 99	85. 39
Z	2	1	1	1	2	1

2.5.3　热力学物理量

热力学相关性质与温度的关系可以通过声子散射谱和对应态密度结合准谐近似的方法求得。基于声子振动的全面分析，温度对热力学物理量（如焓（enthalpy，简称 H）、熵 S、吉布斯自由能 G）的贡献度算法[18]见式（2-14）~式（2-16）。其中焓值与温度之间的关系见式（2-14）：

$$H(T) = E_{tot} + E_{zp} + \int [\hbar\omega/\exp(\hbar\omega/kT) - 1]F(\omega)\mathrm{d}\omega \tag{2-14}$$

式中，E_{tot}为 0 K 条件下计算所得体系的总电子能量；E_{zp}为零点振动能；k 为玻耳兹曼常数；$\hbar$为普朗克常数；$F(\omega)$为声子态密度。

吉布斯自由能 G 与温度 T 的关系可以通过振动对吉布斯自由能的能量贡献评估，具体计算公式见式（2-15）：

$$G(T) = E_{tot} + E_{zp} + kT\int F(\omega)\ln\left[1 - \exp\left(-\frac{\hbar\omega}{kT}\right)\right]\mathrm{d}\omega \tag{2-15}$$

振动熵 S 可通过公式（2-16）计算得出：

$$S(T) = k\left\{\int \frac{\frac{\hbar\omega}{kT}}{\exp\left(\frac{\hbar\omega}{kT}\right) - 1}F(\omega)\mathrm{d}\omega - \int F(\omega)\left[1 - \exp\left(-\frac{\hbar\omega}{kT}\right)\right]\mathrm{d}\omega\right\} \tag{2-16}$$

式中，k 为玻耳兹曼常数；$\hbar$为普朗克常数；$F(\omega)$为声子态密度；T 为温度，K。

计算得到的 AlX 化合物各物质结构的热力学物理量如吉布斯自由能 G、焓 H 以及振动熵 S 与温度（temperature）T 对应的关系如图 2-4 和图 2-5 所示。为了便于比较和单位统一，此处给出 $S\times T$ 形式数值，单位为 eV。研究发现所有 AlX 化

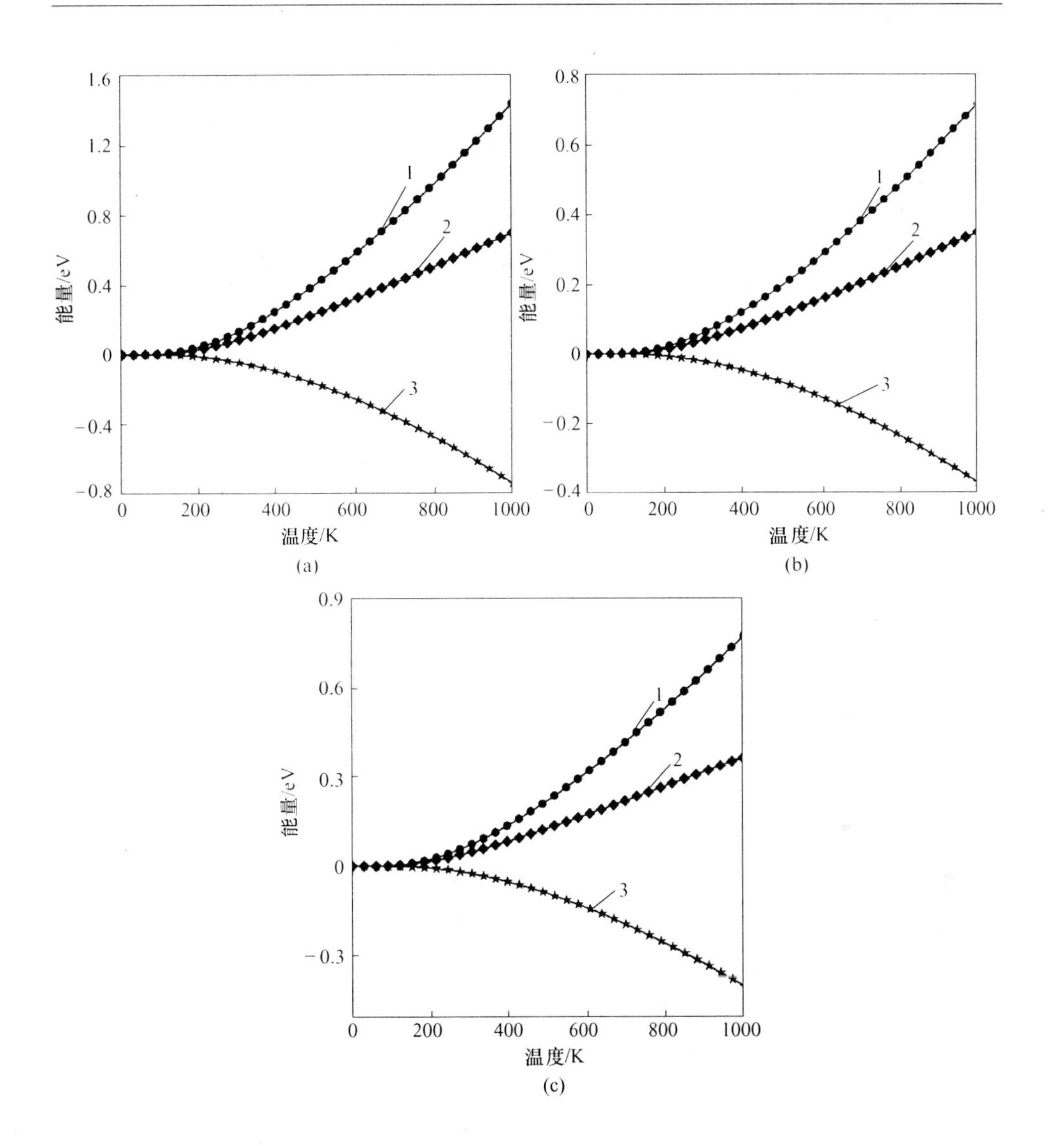

图 2-4 计算得到的 0~1000 K 温度范围内 wz-AlN、zb-AlN 和 rs-AlN 的热力学参数吉布斯自由能 G、焓 H 和振动熵 S 与温度 T 的关系数据图

(a) wz-AlN；(b) zb-AlN；(c) rs-AlN

1—$T\times S$；2—H；3—G

合物实验物相的吉布斯自由能 G、焓 H、熵 S 和温度 T 之间满足如下热力学函数间关系：

$$G = H - T \times S \tag{2-17}$$

此外，对比闪锌矿结构的 AlX 化合物，发现相同温度下其熵 S 随着 X 元素序

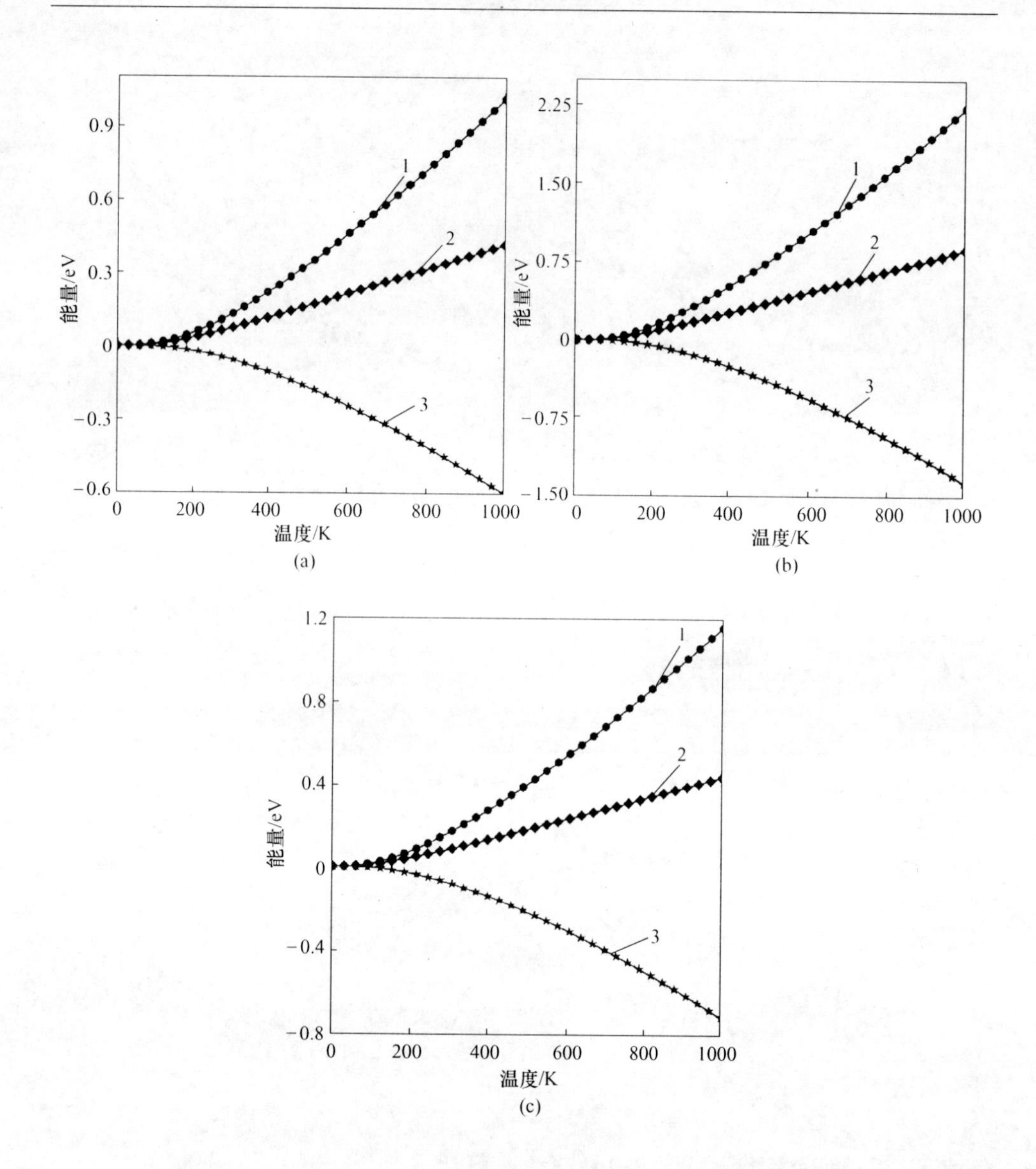

图 2-5　计算得到的 0~1000 K 温度范围内 zb-AlP、NiAs-AlP 和 zb-AlAs 的热力学参数吉布斯自由能 G、焓 H 和振动熵 S 与温度 T 的关系数据图

（a）zb-AlP；（b）NiAs-AlP；（c）zb-AlAs

1—$T\times S$；2—H；3—G

号的增大而增大，也即随着 AlX 相对分子质量的增大而增大，这与零点振动能的关系刚好相反。此外，对于相同组分的 AlX 化合物而言，不同结构对应着不同的焓 H 和自由能 G，其中室压稳定相比高压稳定相自由能 G 更低。

2.5.4 定容比热容

定容比热容 C_V 可以通过式（2-18）计算得出。

$$C_V(T) = k\int\left\{\left(\frac{\hbar\omega}{kT}\right)^2\exp\left(\frac{\hbar\omega}{kT}\right)\Big/\left[\exp\left(\frac{\hbar\omega}{kT}\right)-1\right]^2\right\}F(\omega)\mathrm{d}\omega \tag{2-18}$$

此外德拜模型给定的特定温度 T 下定容比热容 C_V 见式（2–19）。

$$C_V^{\mathrm{D}}(T) = 9Nk\,(T/\Theta_{\mathrm{D}})^3\int_0^{\Theta_{\mathrm{D}}/T}[x^4\mathrm{e}^x/(\mathrm{e}^x-1)^2]\,\mathrm{d}x \tag{2-19}$$

式（2-18）和式（2-19）中，k 为玻耳兹曼常数；$\hbar$为普朗克常数；$F(\omega)$ 为声子态密度；T 为温度，K；N 为每个胞中含有原子数。

这里不难发现，当温度较高时，也即 $T\gg\Theta_{\mathrm{D}}$，$C_V\approx 3Nk$。当温度很低时，即 $T\ll\Theta_{\mathrm{D}}$，有 $C_V=\frac{12\pi^4 Nk}{5}\left(\frac{T}{\Theta_{\mathrm{D}}}\right)^3$。这表明当 $T\to 0$ 时，C_V 与 T^3 成正比，趋近于零。此即德拜 T^3 定律。

根据晶格振动理论，在固体中可以用谐振子代表每个原子在一个自由度的振动，按照经典理论，能量按自由度均分，每一振动自由度的平均动能和平均位能都为 $0.5kT$，一个原子三维空间有 3 个振动自由度，平均动能和位能总和即为 $3kT$。1mol 固体中含 N 个原子，总能量为：

$$E = 3NkT = 3RT \tag{2-20}$$

式中，$N=6.023\times10^{23}$ 个/mol，为阿伏伽德罗常数；T 为热力学温度，K；$k=R/N=1.381\times10^{-23}$ J/K，为玻耳兹曼常数，$R=8.314$ J/(K · mol)。

$$C_V = \left(\frac{\partial E}{\partial T}\right)_V = \left[\frac{\partial\,(3NkT)}{\partial T}\right]_V = 3Nk = 3R \approx 25\ \mathrm{J/(K\cdot mol)} \tag{2-21}$$

这即是杜隆-珀替定律：恒压下原子的比热是与温度无关的常数。根据比热经验定律之柯普定律可知，化合物分子热容等于构成此化合物各元素原子热容之和。因此，对于 AlX 这类双原子的固态化合物，1mol 中含原子数为 $2N$，比热 $C_V=6R$。

在图 2-6 中，不难发现所有的 AlX 实验相，高温下比热值接近 50 J/(mol · K)，符合热力学两大经验定律的理论预期值。在低温下比热随温度的降低而减小，在温度接近绝对零度附近，比热以 T^3 变化规律接近于零，这也很好地吻合了德拜比热模型。同时，发现对于同样的结构，例如闪锌矿结构，AlX 化合物随着 X 原子序数的增加，高温下比热值更加接近理论值 $6R$。根据 wz-AlN、zb-AlN 和 rs-AlN 三者对比，以及 zb-AlP 和 NiAs-AlP 两者间的对比，不难发现，对于同一组分的不同结构，它们的比热几乎完全一致。这也很好地印证了柯普定律的结构无关性。

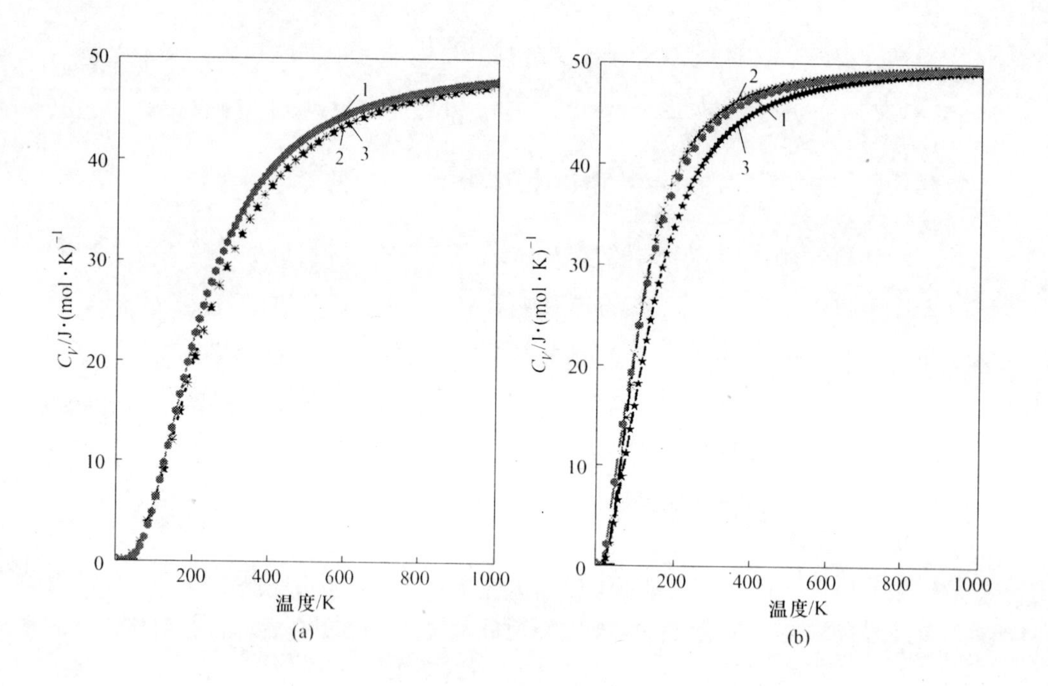

图 2-6　计算得到的 0~1000K 温度范围内 wz-AlN、zb-AlN、rs-AlN，zb-AlP、NiAs-AlP、zb-AlAs 的定容比热容 C_V 与温度 T 的关系数据图

（a）wz-AlN、zb-AlN、rs-AlN；（b）zb-AlP、NiAs-AlP、zb-AlAs

1—rs-AlN；2—NiAs-AlP；3—wz-AlN

2.5.5　德拜温度与频率

德拜模型给定的特定温度 T 下定容比热容 C_V 见式（2-19）。通过式（2-18）和式（2-19），可以得到德拜温度 Θ_D，而后根据式（2-21）求解出德拜频率（Debye frequency）ν_D：

$$\nu_D = k\Theta_D/h \tag{2-22}$$

表 2-7 中列出了 6 种 AlX 实验相在室温 300 K 时的德拜温度以及德拜振动频率，结合图 2-7，发现对于同结构的不同组分物质 AlX 而言，随着原子 X 原子序数增大，AlX 的德拜温度和德拜振动频率均减小，同一物质组分不同结构的德拜温度和德拜振动频率一般不同。计算结果与已经取得的实验报道和理论研究结果吻合得很好。

表 2-7 AlX（X=N，P，As）化合物多型体在 300 K 的德拜频率 ν_D 和德拜温度 Θ_D 计算值

化合物种类	ν_D/THz	Θ_D/K	
wz-AlN	20.81	998.7	971[44]，991[45]，1028[46]
zb-AlN	20.81	998.5	970[45]
rs-AlN	18.33	879.9	
zb-AlP	12.40	595.3	588[47]，610[48]，585[49]
NiAs-AlP	9.57	459.1	
zb-AlAs	9.64	462.5	446[9]，431.24[50]

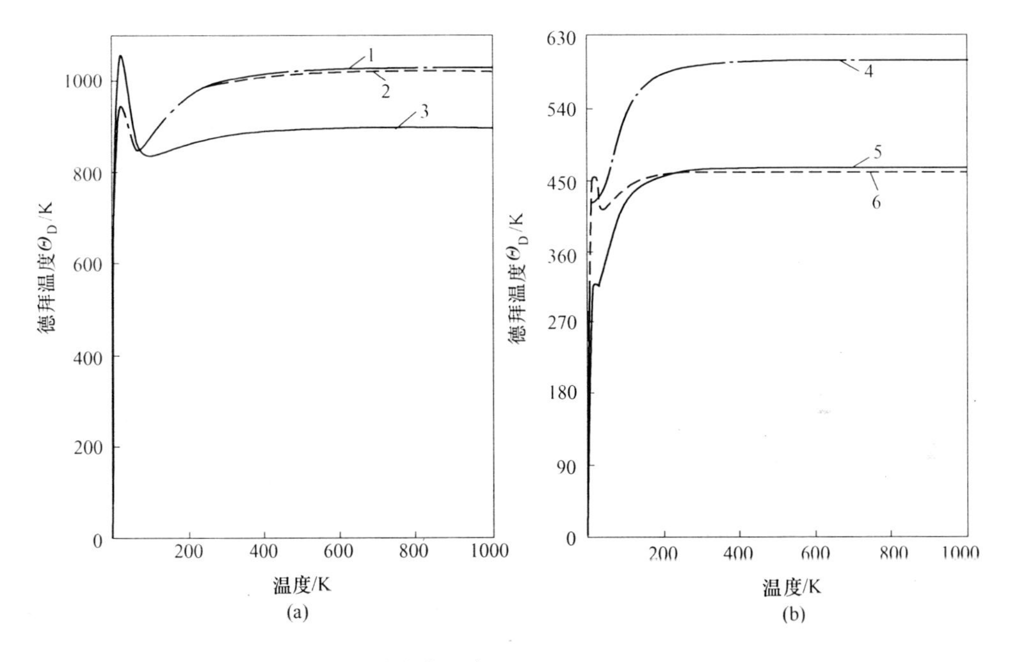

图 2-7 计算得到的 0~1000K 温度范围内 wz-AlN、zb-AlN、rs-AlN，zb-AlP、NiAs-AlP、zb-AlAs 的德拜温度 Θ_D 与温度 T 的关系数据图

（a）wz-AlN、zb-AlN、rs-AlN；（b）zb-AlP、NiAs-AlP、zb-AlAs

1—wz-AlN；2—zb-AlN；3—rs-AlN；4—zb-AlP；5—zb-AlAs；6—NiAs-AlP

2.6 电学性质

电学性质是材料的重要物理性能指标，材料的电学性质决定其导电与否，进而决定材料的应用范围。在理论物理中，固体的电子能带结构描述了禁止或允许电子所带有的能量，而这由周期性晶格中的量子动力学电子波衍射引起。材料的电子能带结构决定其电学性质。

2.6.1　室压电学性质

基于 GGA 算法计算所得 3 种 AlN 结构整个布里渊区高对称点路径下电子能带结构如图 2-8 所示，zb-AlP、NiAs-AlP 和 zb-AlAs 三者的电子能带结构图如图 2-9 所示。Al、N、P 和 As 元素核外价电子排布分别为 $3s^2 3p^1$、$2s^2 2p^3$、$3s^2 3p^3$ 和 $4s^2 4p^3$，除 Al 元素价电子为 3 外，其余价电子均为 5。根据结构信息可知，六方晶系的 wz-AlN 和 NiAs-AlP 原胞与单胞同构型，均含 2 倍分子式，也即结构含 16 个价电子；而立方晶系的 zb-AlX（X = N，P，As）化合物和 rs-AlN 的原胞结构均只为其单胞的 1/4，只含有 1 倍分子式，也即原胞体系中含有 8 个价电子。

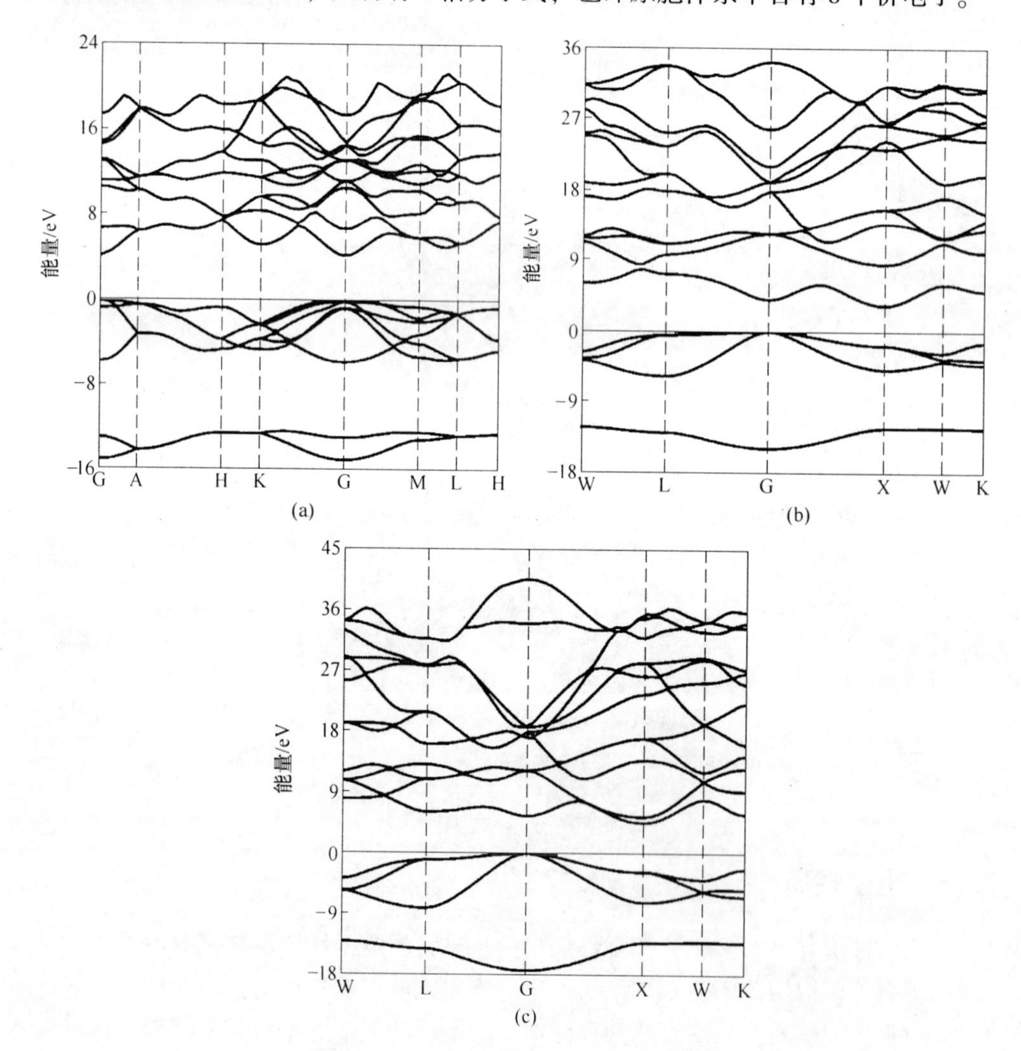

图 2-8　基于 GGA 算法研究室压下 wz-AlN（a）、zb-AlN（b）和 rs-AlN（c）三种相的能带结构图（图中黑色水平线代表费米能级）

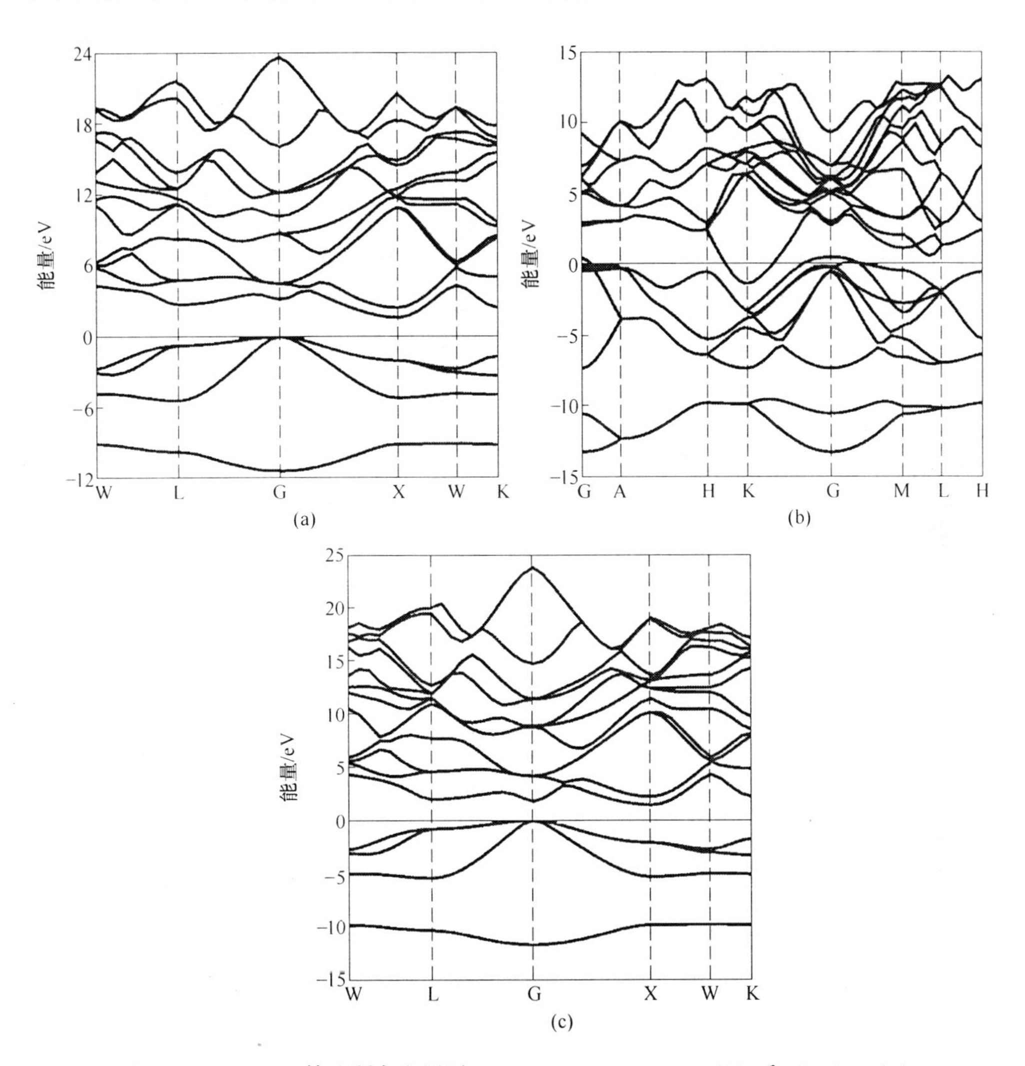

图 2-9 基于 GGA 算法研究室压下 zb-AlP（a）、NiAs-AlP（b）和 zb-AlAs（c）三者的能带结构图（图中黑色水平线代表费米能级）

根据能带理论，位于费米能级（0 eV）以下的低能量能带为价带，位于费米能级以上的高能量能带则为导带，每条能带上最多占据 2 个不同自旋态电子。如图 2-8 和图 2-9 所示，对于 wz-AlN 而言，16 个价电子完全占据着 8 条非简并价带，导带上无电子填充；zb-AlN、rs-AlN、zb-AlP 和 zb-AlAs 原胞中 8 个价电子完全占据着 4 条非简并价带，因而导带亦为空带；而 NiAs-AlP 结构中 16 个价电子在填充价带时出现部分价带能量高于费米能级，其电子处于高能态，存在跃迁移动等情况导致能带有穿越现象。由于价带和导带均没有穿越费米能级，两者之间存在宽的禁带，因此三种 AlN 结构、zb-AlP 和 zb-AlAs 均为半导体，其中wz-AlN、zb-AlN 和 rs-AlN 三者带隙宽度分别为 4. 108 eV、3. 342 eV 和 4. 521 eV，zb-AlP

为 1.1598 eV，zb-AlAs 为 1.436 eV；而 NiAs-AlP 的电子能带结构图 2-9（b）中存在价带和导带穿越费米能级的现象，因此其呈现金属导电性。

选取同一晶系结构且分别具有半导体性质和导电性质的 wz-AlN 和 NiAs-AlP 为代表，研究了二者分波态密度情况，如图 2-10 所示。对于 wz-AlN 而言，其态密度图上费米能级处存在明显带隙，而且其价带所对应能量窗口的分波态密度电子积分总数为 16，证实了其半导体属性。对于 NiAs-AlP 而言，其分波态密度连续贯穿费米能级，且 0 eV 以下的能量窗口分波态密度电子积分总数小于 16，说明存在电子通过价带跃迁至导带，也即表明其具有导电性。

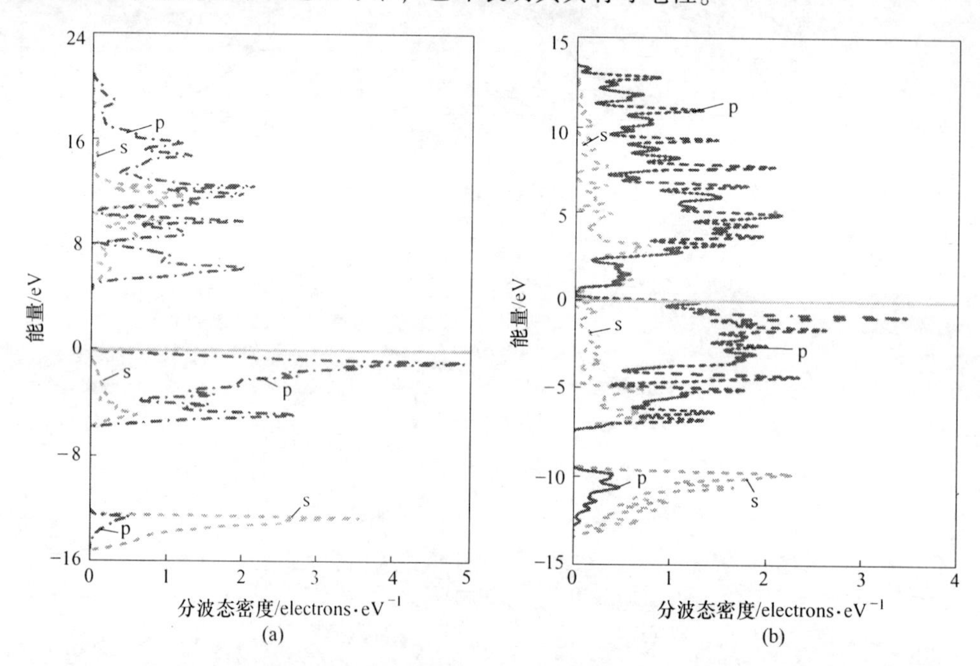

图 2-10　wz-AlN（a）和 NiAs-AlP（b）的分波态密度图（基于 GGA 算法）（黑色水平实线代表费米能级）

考虑到无论是广义梯度近似还是局域密度近似都存在低估材料带隙的现象[51,52]，为了得到 AlX（X=N，P，As）化合物 6 种实验结构的准确电学性质，采用了 HSE06 杂化泛函来计算它们的电子能带结构，得到的室压下能带结构图如图 2-11 和图 2-12 所示，其中图 2-11 为 wz-AlN、zb-AlN 和 rs-AlN 三种结构的费米能级附近电子能带结构选区图，图 2-12 为 zb-AlP、NiAs-AlP 和 zb-AlAs 的费米能级附近能带结构选区图。计算所得除 NiAs-AlP 具有导电性，与实验报道一致，其余物相皆不导电。例如 wz-AlN 为直接带隙半导体，带隙值为 6.055 eV，这跟实验上测得的 6.015 eV[53]、6.19 eV[4] 高度吻合，计算的 zb-AlP 为间接带隙半导体，带隙宽度为 2.173 eV，实验上测得 AlP 为间接带隙半导体，禁带宽度为

2.45 eV[54]。实验上 zb-AlAs 为间接带隙半导体，带宽 2.153 eV[54]，这些与计算值 2.081 eV 也非常接近。

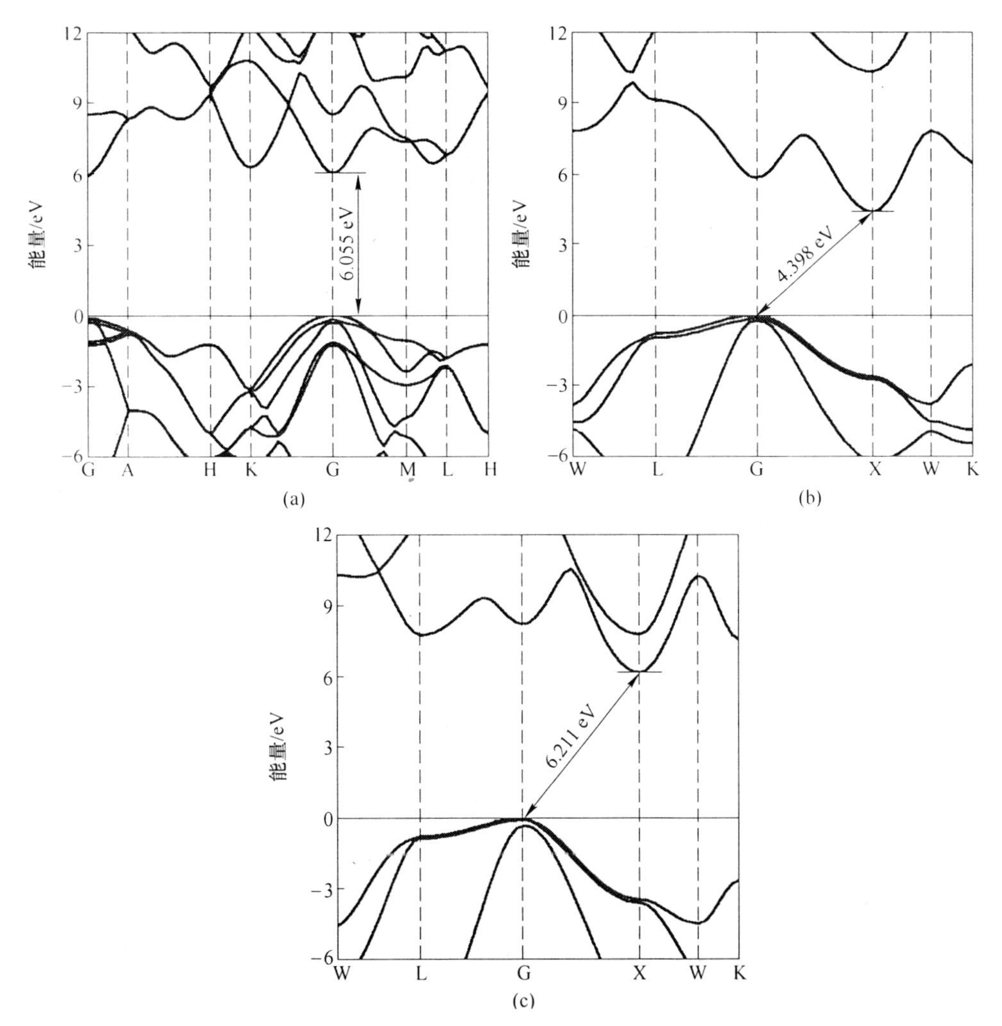

图 2-11 基于 HSE06 泛函研究室压下 wz-AlN（a）、zb-AlN（b）和 rs-AlN（c）三种相的能带结构图（图中黑色水平线代表费米能级）

2.6.2 压力对电学性质影响

鉴于高压会影响原子相对位置，进而提高凝聚态物质的致密度并影响其物理性质，因此研究压力对 AlX 化合物电学性质的影响具有重要意义。鉴于基于 HSE06 泛函的计算需要昂贵的计算资源，这里采用 GGA 算法下的 PBE 交换关联泛函来研究不同压力下 AlX 化合物电学性质，图 2-13 给出了 5 种 AlX 化合物的带隙值在 0~30 GPa 压力范围（取样宽度 2 GPa）的关系，至于图 2-13 中未列出

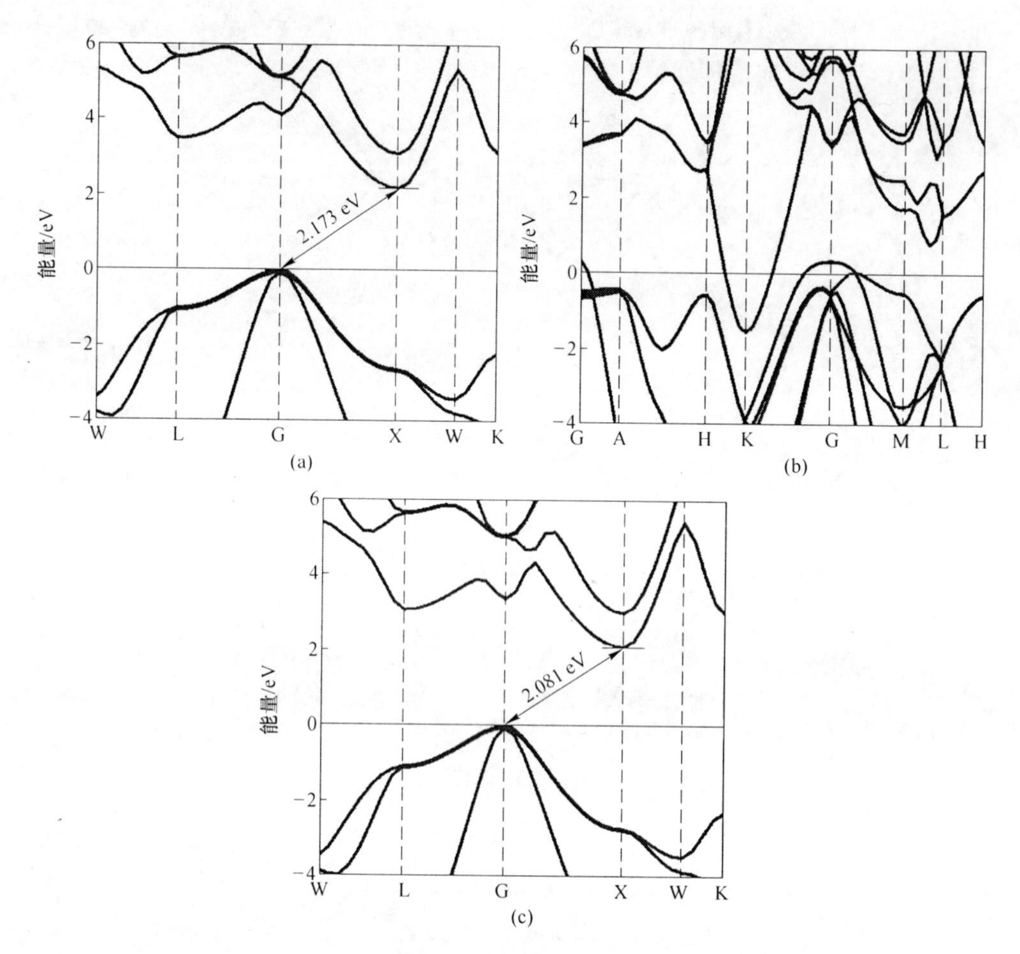

图 2-12　基于 HSE06 泛函研究室压下 zb-AlP（a）、NiAs-AlP（b）和 zb-AlAs（c）三种物相的能带结构图（图中黑色水平线代表费米能级）

的 NiAs-AlP，其在室压至 30 GPa 高压下依旧保持导电性。

从图 2-13 中可以发现，压力对带隙的影响大致分为三类：zb-AlN，zb-AlP 和 zb-AlAs，wz-AlN 和 rs-AlN。压力对 zb-AlN 的带隙影响甚微，在 30 GPa 压力范围中，其带隙升高仅 72 meV(2.155%)，说明 zb-AlN 是一类典型的压力惰性半导体，适用于变压力环境下精准控制电学性能的电子元器件。而对于 zb-AlP 和 zb-AlAs，带隙随着压力的升高呈现单调降低的趋势，其中 zb-AlP 降幅为 539 meV (33.73%)，zb-AlAs 降幅为 570 meV(39.69%)，此二者带隙受压力的影响规律表明其有可能在变压力低电阻电子材料领域使用。对 wz-AlN 和 rs-AlN 而言，二者带隙整体均呈现随着压力增大而增大的特征，加之其本征的宽带隙特征，wz-AlN 和 rs-AlN 可适用于宽带隙半导体领域。其中整个升压过程 wz-AlN 带隙增幅 1.012 eV(24.63%)，rs-AlN 在压力增加到 22 GPa 时，带隙达到最大（5.264 eV,

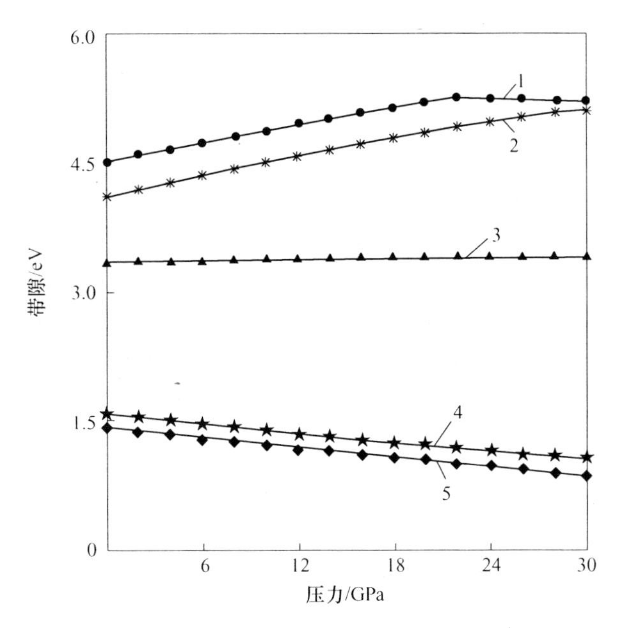

图 2-13 基于 GGA 算法所得 AlX 化合物实验相的带隙-压力关系图

1—rs-AlN；2—wz-AlN；3—zb-AlN；4—zb-AlP；5—zb-AlAs

增幅 0.743 eV)，随后随压力升高而逐步降低，压力达 30 GPa 时带隙为 5.224 eV。rs-AlN 在整个升压过程中，带隙先升后降，且增幅斜率（33.8 meV/GPa）高于降幅斜率（5 meV/GPa）。

2.7 光学性质

2.7.1 介电函数

基于密度泛函理论研究半导体材料的光学性质时，依据精确的电子能带结构，CASTEP 通过介电函数 $\varepsilon(\omega)$（见式（2-23））[55] 来描述和分析电磁波的宏观响应。

$$\varepsilon(\omega) = \varepsilon_1(\omega) + i\varepsilon_2(\omega) \tag{2-23}$$

基于计算得到的占据态和非占据态矩阵元，通过能级间电子跃迁与能量的相关联系可以得到晶体的介电函数虚部 $\varepsilon_2(\omega)$，见式（2-24）[56]。

$$\varepsilon_2(\omega) = (Ve^2/2\pi\hbar m^2\omega^2)\int d^3k \sum_{n,n'} |\langle kn | p | kn' \rangle|^2 f(kn) \times (1 - f(kn'))\delta(E_{kn} - E_{kn'} - \hbar\omega) \tag{2-24}$$

介电函数的实部 $\varepsilon_1(\omega)$ 和虚部 $\varepsilon_2(\omega)$ 存在着克拉默斯-克勒尼希（Kramers-Kronig）色散转换关系[55]，见式（2-25）。

$$\varepsilon_1(\omega) = 1 + \frac{2}{\pi}\int_0^{\infty} [\varepsilon_2(\omega')\,\omega'/(\omega'^2 - \omega^2)]\mathrm{d}\omega \tag{2-25}$$

式中，e 为电子电荷；V 为单胞体积；p 为动量算子（momentum operator），$|kn>$ 为晶体波函数；$f(kn)$ 为费米分布函数；$\hbar\omega$ 为入射光量子能量。

基于精准的电子能带结构，进一步计算 AlX 化合物实验相的光学介电函数，其中 3 种 AlN 物相对应的介电函数如图 2-14 所示，zb-AlP、NiAs-AlP 和 zb-AlAs 三者对应的介电函数如图 2-15 所示。

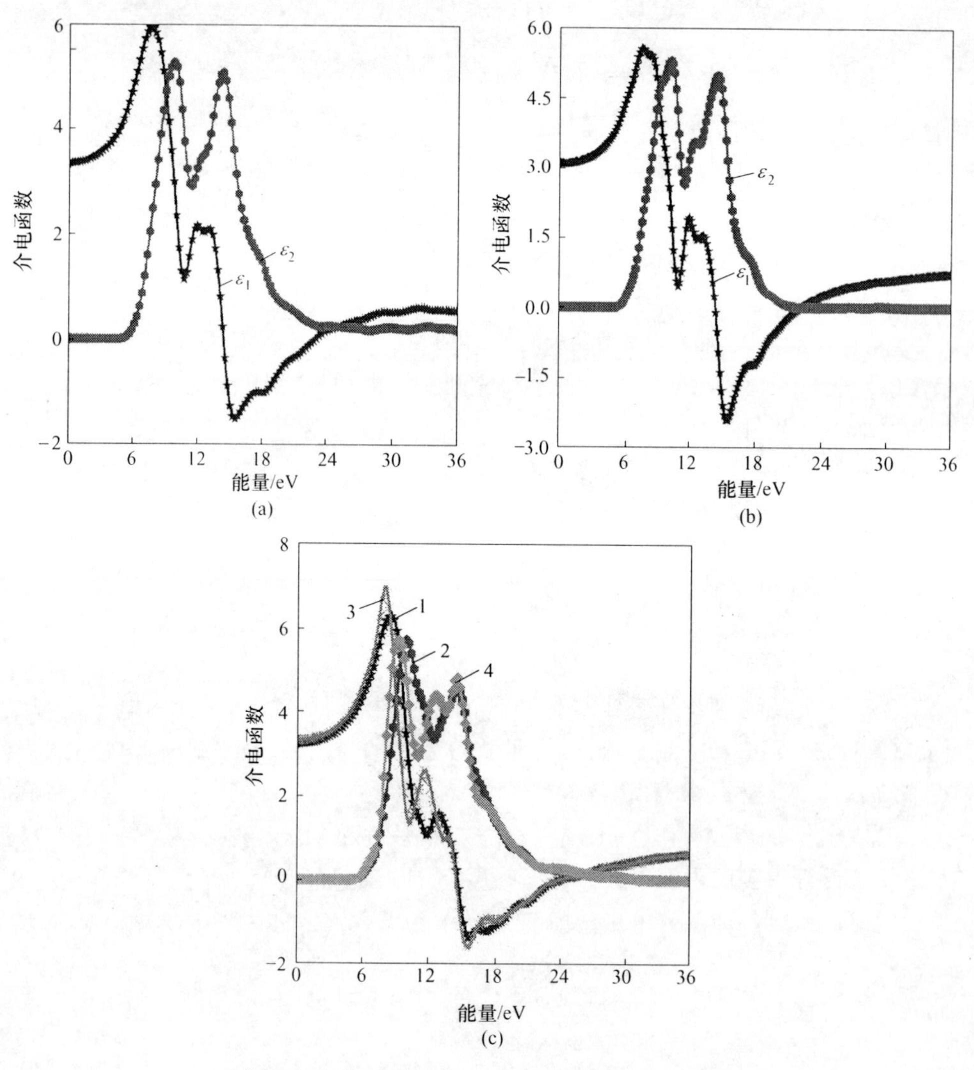

图 2-14　室压下三种 AlN 物相的光学介电函数

（a）zb-AlN；（b）rs-AlN；（c）wz-AlN

1—$\varepsilon_1$100；2—$\varepsilon_2$100；3—$\varepsilon_1$001；4—$\varepsilon_2$001

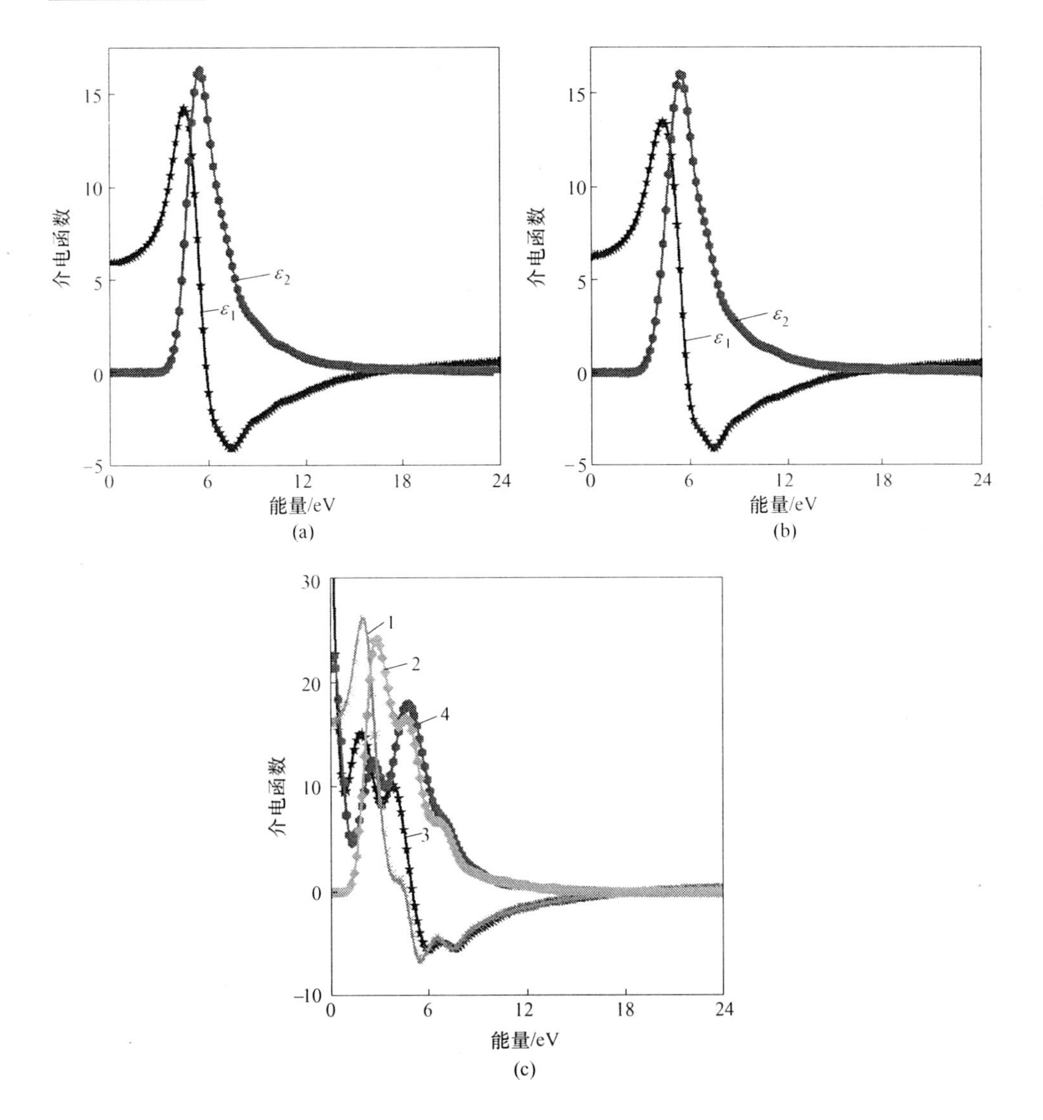

图 2-15 室压下 AlP 和 AlAs 物相的光学介电函数

(a) zb-AlP；(b) zb-AlAs；(c) NiAs-AlP

1—$\varepsilon_1$001；2—$\varepsilon_2$001；3—$\varepsilon_1$100；4—$\varepsilon_2$100

介电函数是媒质在外加电场时对外加电场的响应。从微观上看，就是形成了很多的电偶极子。其中虚部表征形成电偶极子消耗的能量，实部代表宏观的极化程度。介电虚部出现了 $\varepsilon_2(\omega)$ 的第一峰值主要是由最高的价带到最低的导带间的电子跃迁产生的。在某些体系中随着跃迁过程中产生的光子能量增加，$\varepsilon_2(\omega)$ 逐渐减小，在出现极小值后随着光子能量的增加，$\varepsilon_2(\omega)$ 逐渐增大，在特定能量处出现第二阶段峰值，这源于带间跃迁，但随着光子能量的继续增加，$\varepsilon_2(\omega)$ 最终趋近于 0。

分析发现，对于 zb-AlN 和 rs-AlN，同属于高对称的立方晶系结构，其介电函数关系非常相似，且只有一组介电函数。而六方晶系的 wz-AlN 因存在典型的［100］方向和［001］方向有着明显差异，导致其存在着两组介电函数。同时六方晶系和立方晶系的 AlN 介电函数差异明显。此外可见 zb-AlP 和 zb-AlAs 二者由于结构完全一致、化学成分接近，其介电函数非常相似，仅在最高峰峰强处有差异。同样由于结构的差异，NiAs-AlP 和 zb-AlP 二者介电函数差异明显。

2.7.2　折射系数

$\varepsilon(\omega)$反映着半导体材料能带结构中能级间的电子跃迁及其表现出的各种光学信息，它是连接材料电子结构，微观物理过程及光学性质的重要纽带。其光学性质参数如折射系数之折射率 $n(\omega)$ 和消光系数 $k(\omega)$ 可分别从介电函数依据式(2-26)~式(2-27) 获取[56]。

$$n(\omega)=\left\{\left[\sqrt{\varepsilon_1(\omega)^2+\varepsilon_2(\omega)^2}+\varepsilon_1(\omega)\right]/2\right\}^{1/2} \tag{2-26}$$

$$k(\omega)=\left\{\left[\sqrt{\varepsilon_1(\omega)^2+\varepsilon_2(\omega)^2}-\varepsilon_1(\omega)\right]/2\right\}^{1/2} \tag{2-27}$$

式中，$\varepsilon_1(\omega)$ 和 $\varepsilon_2(\omega)$ 分别为介电函数的实部和虚部，具体见式（2-23）~式(2-25)。

根据式（2-24）和式（2-25），计算 AlX 化合物的 6 种实验物相的折射率和消光系数，具体如图 2-16 和图 2-17 所示。通过对比图 2-16 中 3 种 AlN 物相，可知不同结构的折射率和消光系数有着明显的差异，具体体现在峰位、峰强和峰形上。对于三者折射率曲线而言，均在低能区缓慢上升，随后在迅速上升至最高点，最后随着能量升高而呈下降态势，不同结构中存在小范围的二次峰位现象。至于六方晶系因其结构的中级对称性存在［100］和［001］方向的极性，其折射率和消光系数均出现两组［100］和［001］方向的曲线。对于 zb-AlP 和 zb-AlAs而言，其折射率近乎一致，仅在最高峰强度处存在着 n(zb-AlP) > n(zb-AlAs)的显著不同。此外，即使是同属于六方晶系的 wz-AlN 和 NiAs-AlP，因其结构空间群和成分的差异，导致二者折射率关系图也差异明显。

对于 AlN 三物相的消光系数而言，在低能区均保持为 0，而当能量升高到超过某一阈值时，消光系数快速升高，在达到第一峰位后开始下降随后又会出现上升现象，此后会随着能量升高而逐渐下降。zb-AlN 和 wz-AlN 有着相近的阈值，且二者均比 rs-AlN 的阈值要低；rs-AlN 和 wz-AlN 在高能区（分别为 24 eV 和

30 eV 以上）时消光系数均降低为 0。此外，通过图 2-16 可见三者消光系数最高峰强度也不同。而 zb-AlP 和 zb-AlAs 二者的消光系数曲线近乎一致，二者阈值略有不同。至于 NiAs-AlP 结构的［001］极化方向则在约 1.5 eV 能量处开始出现消光，当能量高过 18 eV 时消光系数趋近于零。

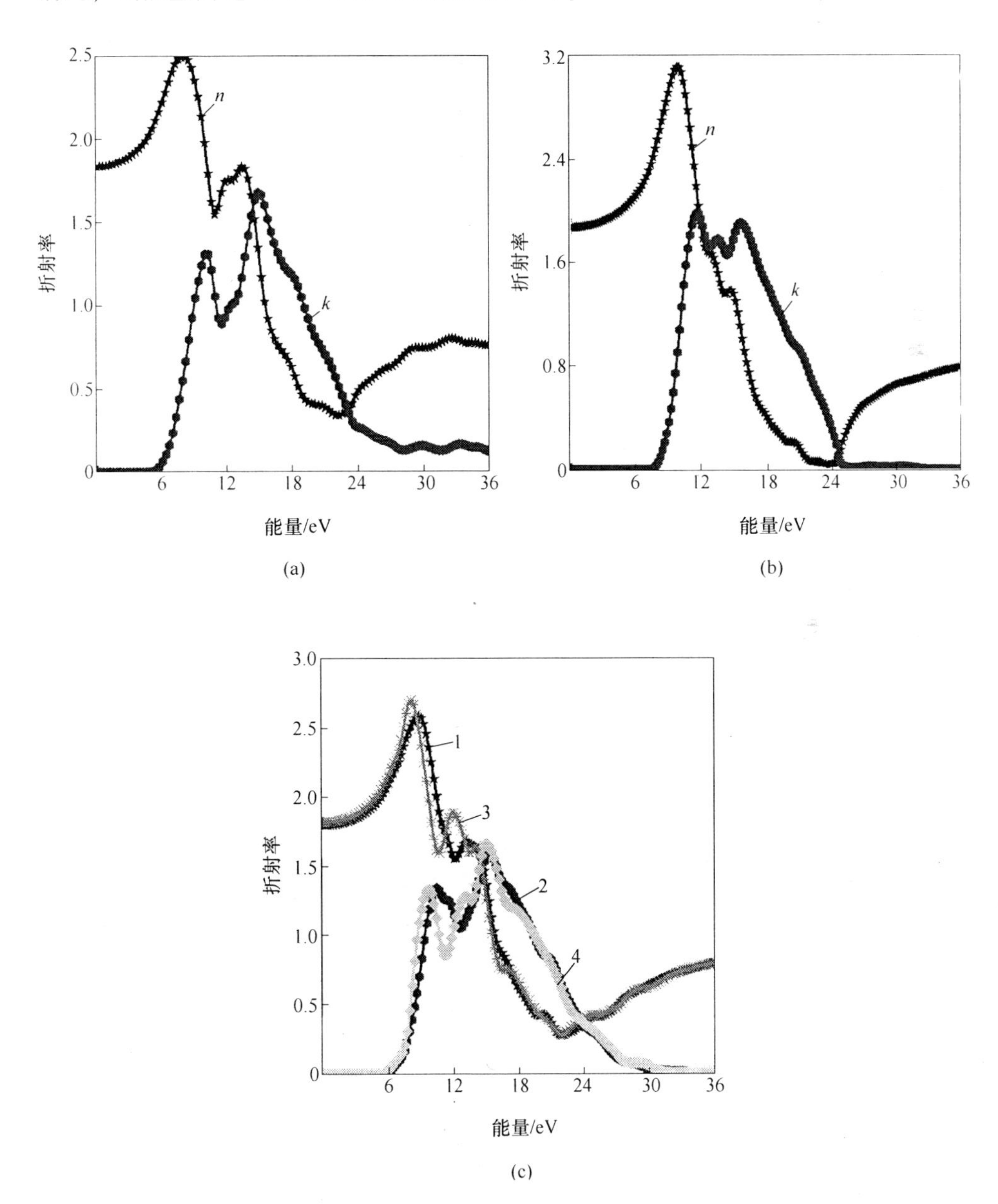

图 2-16　室压下 3 种 AlN 物相的光学折射系数（n 代表折射率，k 代表消光系数）

（a）zb-AlN；（b）rs-AlN；（c）wz-AlN

1—n100；2—k100；3—n001；4—k001

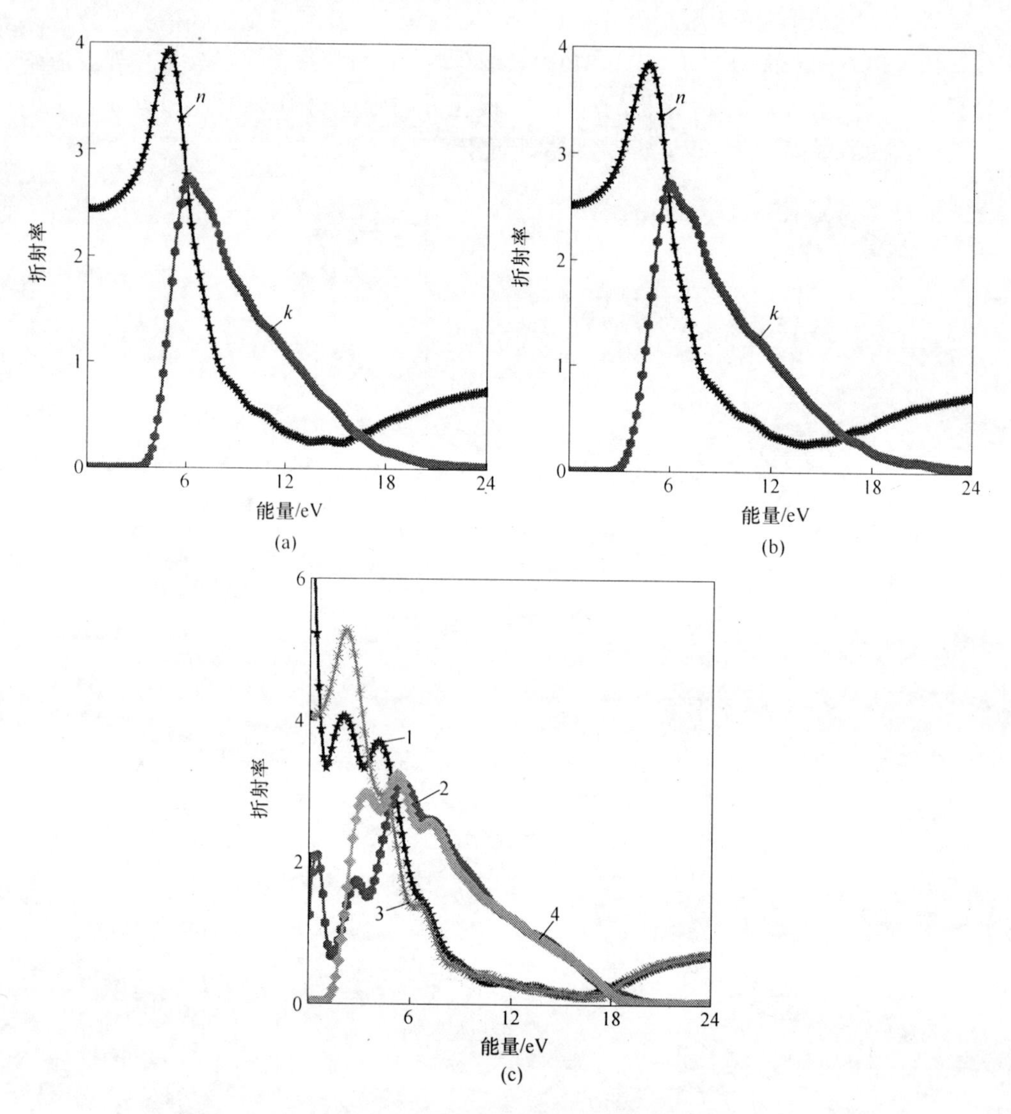

图 2-17　室压下 AlP 和 AlAs 物相的光学折射系数（n 代表折射率、k 代表消光系数）

（a）zb-AlP；（b）zb-AlAs；（c）NiAs-AlP

1—n100；2—k100；3—n001；4—k001；

2.7.3　光学反射率

介电函数可以反映半导体材料能带结构中能级间的电子跃迁及其相应的各种光学信息，它是连接物质电子结构与光学性质的重要纽带。光学反射率 $R(\omega)$ 可依据式（2-28）计算[56]。

$$R(\omega)=\left[\left(\sqrt{\varepsilon_1(\omega)+i\varepsilon_2(\omega)}-1\right)/\left(\sqrt{\varepsilon_1(\omega)+i\varepsilon_2(\omega)}+1\right)\right]^2 \quad (2\text{-}28)$$

如图 2-18 所示，将 AlX 化合物的 6 种实验相分为两大类，一类具有六方晶系结构，如 wz-AlN 和 NiAs-AlP；另一类具有立方晶系结构。六方晶系结构有两个极化方向：[001] 和 [001]，如图 2-18（a）所示，六方晶系两极化方向上光学反射率变化趋势大致相当，且最高峰峰位亦相近。而 NiAs-AlP 有着明显高于 wz-AlN 的光学反射率。至于立方晶系，zb-AlP 与 zb-AlAs 具有相近的光学反射率曲线，且二者最高峰峰强相近。4 种立方晶系物相中，rs-AlN 有着最大的光学反射率，远高于 zb-AlN 的光学反射率，zb-AlP 与 zb-AlAs 的光学反射率居中。

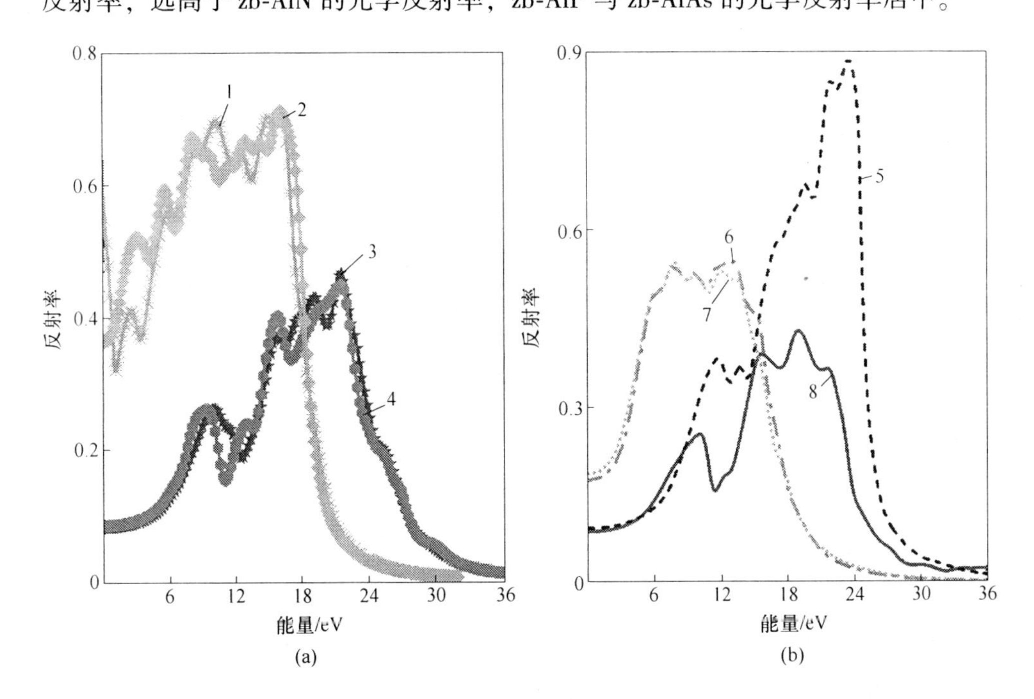

图 2-18　室压下 AlX 物相的光学反射率

（a）六方晶系结构；（b）立方晶系结构

1—NiAs-AlP 100；2—NiAs-AlP 001；3—wz-AlN 100；4—wz-AlN 001；
5—rs-AlN；6—zb-AlP；7—zb-AlAs；8—zb-AlN

2.7.4 吸收率

同样根据介电函数和式（2-29）可以获取吸收率[56]：

$$\alpha(\omega)=\sqrt{2}\,\omega\left[\sqrt{\varepsilon_1^2(\omega)+\varepsilon_2^2(\omega)}-\varepsilon_1(\omega)\right]^{1/2} \quad (2\text{-}29)$$

如图 2-19 所示，将 AlX 化合物 6 种实验物相分为六方和立方两类。六方晶系结构的 [100] 和 [001] 两个极化方向上的光学吸收率曲线也近乎相当，且不同于光学反射率的现象，光学吸收率的最高峰峰强有着 wz-AlN>NiAs-AlP 的规律。而对于立方晶系结构而言，zb-AlAs 与 zb-AlP 的光学吸收率曲线亦近乎重合，rs-AlN 依旧有着最高的光学吸收率，其次为 zb-AlN 的光学吸收率。

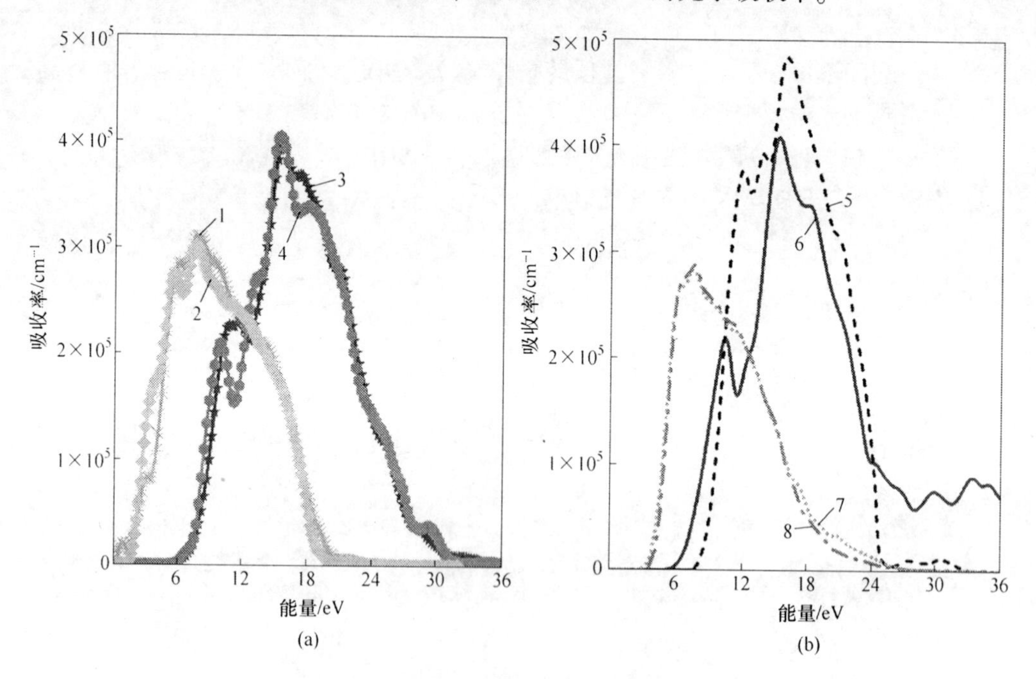

图 2-19　室压下 AlX 物相的光学吸收率

（a）六方晶系结构；（b）立方晶系结构

1—NiAs-AlP 100；2—NiAs-AlP 001；3—wz-AlN 100；4—wz-AlN 001；5—rs-AlN；6—zb-AlN；7—zb-AlAs；8—zb-AlP

2.8　本章小结

基于第一性原理计算，系统地介绍了 AlX 室压条件下实验上存在的 6 种物质（wz-AlN，zb-AlN 和 rs-AlN、zb-AlP 和 NiAs-AlP，以及 NiAs-AlAs）的力学、热学、光学等物理性质。其中对于 AlN，最硬结构为高压最稳定结构 rs-AlN，而 zb-AlN 和室压下最稳定结构 wz-AlN 硬度相近，均约为 20 GPa；对 AlP 而言则不同于 AlN，AlP 室压下最稳定结构 zb-AlP 硬度比高压下相变产物 NiAs-AlP 硬度要高。对比发现，同属闪锌矿结构的 AlX，硬度随着 X 原子序数增大而减小。所有的 AlX，高温下比热值接近杜隆-珀替极限值 50 J/(mol · K)。在低温下比热随温度的降低而减小，在温度接近绝对零度附近，比热以 T^3 变化规律接近于零。同时发现对于同样的结构，例如闪锌矿结构，AlX 化合物随着 X 原子序数的增加，高温下比热值更加接近理论值 6R。根据 wz-AlN、zb-AlN 和 rs-AlN 三者对比，以及 zb-AlP 和 NiAs-AlP 两者间的对比发现，对于同一组分的不同结构，它们的比热几乎完全一致，这也很好地印证了柯普定律的结构无关性。此外，发现对于同结构的不同组分物质 AlX 而言，随着原子 X 原子序数增大，AlX 的德拜温度和德拜振动频率均减小，同一物质组分不同结构的德拜温度和德拜振动频率一般不同。基于密度泛函理论研究的 AlX 化合物的光学性质，其折射系数、光学反射率和吸收率等光学性质与介电函数 $\varepsilon(\omega)$ 密切相关并依赖于精确的电子能带结构。

参 考 文 献

[1] Slack G A, Tanzilli R A, Pohl R, et al. The intrinsic thermal conductivity of AlN [J]. J. Phys. Chem. Solids, 1987, 48: 641-647.

[2] Khor K, Cheng K, Yu L, et al. Thermal conductivity and dielectric constant of spark plasma sintered aluminum nitride [J]. Mater. Sci. Eng. A, 2003, 347: 300-305.

[3] Dean J A. Lange's chemistry handbook [M]. 1999.

[4] Martienssen W, Warlimont H. Springer Handbook of Condensed Matter and Materials Data [M]. Springer, Heidelberg, 2005.

[5] Li J, Nam K B, Nakarmi M L, et al. Band structure and fundamental optical transitions in wurtzite AlN [J]. Appl. Phys. Lett., 2003, 83: 5163-5165.

[6] Lorenz M, Chicotka R, Pettit G, et al. The fundamental absorption edge of AlAs and AlP [J]. Solid State Commun., 1970, 8: 693-697.

[7] Corbridge D E C. Phosphorus-an outline of its chemistry, biochemistry and technology [M]. Elsevier Science Publishers BV, 1985.

[8] Greene R G, Luo H, Ruoff A L. High pressure study of AlP: Transformation to a metallic NiAs phase [J]. J. Appl. Phys., 1994, 76: 7296-7299.

[9] Adachi S. GaAs, AlAs, and $Al_xGa_{1-x}As$: Material parameters for use in research and device applications [J]. J. Appl. Phys., 1985, 58: R1-R29.

[10] Guo L. Structural, energetic, and electronic properties of hydrogenated aluminum arsenide clusters [J]. J. Nanopart. Res., 2011, 13: 2029-2039.

[11] Clark S J, Segall M D, Pickard C J, et al. First principles methods using CASTEP [J]. Z. Kristallogr., 2005, 220: 567-570.

[12] Segall M D, Lindan P J D, Probert M J, et al. First-principles simulation: ideas, illustrations and the CASTEP code [J]. J. Phys. Condens. Matter, 2002, 14: 2717-2744.

[13] Vanderbilt D. Soft self-consistent pseudopotentials in a generalized eigenvalue formalism [J]. Phys. Rev. B: Condens. Matter, 1990, 41: 7892-7895.

[14] Vanderbilt D. Soft self-consistent pseudopotentials in a generalized eigenvalue formalism [J]. Phys. Rev. B, 1990, 41: 7892-7895.

[15] Monkhorst H J, Pack J D. Special points for Brillouin-zone integrations [J]. Phys. Rev. B, 1976, 13: 5188-5192.

[16] Baroni S, Giannozzi P, Testa A. Green's-function approach to linear response in solids [J]. Phys. Rev. Lett., 1987, 58: 1861-1864.

[17] Ackland G J, Warren M C, Clark S J. Practical methods in ab initio lattice dynamics [J]. J. Phys. Condens. Matter, 1997, 9: 7861-7872.

[18] Baroni S, de Gironcoli S, Dal Corso A, et al. Phonons and related crystal properties from density-functional perturbation theory [J]. Rev. Mod. Phys., 2001, 73: 515-562.

[19] Krukau A V, Vydrov O A, Izmaylov A F, et al. Influence of the exchange screening parameter on the performance of screened hybrid functionals [J]. J. Chem. Phys., 2006, 125: 224106.

[20] Schulz H, Thiemann K. Crystal structure refinement of AlN and GaN [J]. Solid State Commun., 1977, 23: 815-819.

[21] Petrov I, Mojab E, Powell R C, et al. Synthesis of metastable epitaxial zinc-blende-structure AlN by solid-state reaction [J]. Appl. Phys. Lett, 1992, 60: 2491.

[22] Pearson W B. A handbook of lattice spacings and structures of metals and alloys [M]. 1967.

[23] Yeh C-Y, Lu Z, Froyen S, et al. Zinc-blende-wurtzite polytypism in semiconductors [J]. Phys. Rev. B, 1992, 46: 10086-10097.

[24] Wu Z, Zhao E, Xiang H, et al. Crystal structures and elastic properties of superhard IrN_2 and IrN_3 from first principles [J]. Phys. Rev. B, 2007, 76: 054115.

[25] Wang C, Zaheeruddin M, Spinar L H. Preparation and properties of aluminum phosphide [J]. J. Inorg. Nucl. Chem., 1963, 25: 326-327.

[26] Wang A J, Shang S L, Du Y, et al. Structural and elastic properties of cubic and hexagonal TiN and AlN from first-principles calculations [J]. Comput. Mater. Sci., 2010, 48: 705-709.

[27] Van Camp P, Van Doren V. High pressure phase transitions in aluminum phosphide [J]. Solid State Commun., 1995, 95: 173-175.

[28] VOLLSTÄDT H, ITO E, AKAISHI M, et al. High pressure synthesis of rocksalt type of AlN [J]. Proce. Jpn. Acad.: B, 1990, 66: 7-9.

[29] Wu Z, Zhao E, Xiang H, et al. Crystal structures and elastic properties of superhard IrN_2 and IrN_3 from first principles [J]. Phys. Rev. B, 2007, 76: 054115.

[30] Mouhat F, Coudert F. Necessary and sufficient elastic stability conditions in various crystal systems [J]. Phys. Rev. B, 2014, 90: 224104.

[31] Hill R. The elastic behaviour of a crystalline aggregate [J]. Proc. Phys. Soc., 1952, 65: 349-354.

[32] Watt J P. Hashin-Shtrikman bounds on the effective elastic moduli of polycrystals with monoclinic symmetry [J]. J. Appl. Phys., 1980, 50: 6290-6295.

[33] Ranganathan S I, Ostoja-Starzewski M. Universal elastic anisotropy index [J]. Phys. Rev. Lett., 2008, 101: 055504.

[34] Chen X Q, Niu H Y, Li D Z, et al. Modeling hardness of polycrystalline materials and bulk metallic glasses [J]. Intermetallics, 2011, 19: 1275-1281.

[35] Tian Y J, Xu B, Zhao Z S. Microscopic theory of hardness and design of novel superhard crystals [J]. Int. J. Refract. Met. H., 2012, 33: 93-106.

[36] Yonenaga I, Nikolaev A, Melnik Y, et al. MRS Proceedings, Cambridge Univ Press, 2001, pp. I10. 14. 11.

[37] Simunek A, Vackar J. Hardness of covalent and ionic crystals: first-principle calculations [J]. Phys. Rev. Lett., 2006, 96: 085501.

[38] Schwarz M, Antlauf M, Schmerler S, et al. Formation and properties of rocksalt-type AlN and implications for high pressure phase relations in the system Si-Al-O-N [J]. High Pressure Res, 2013, 34: 1-17.

[39] Sung C M, Sung M. Carbon nitride and other speculative superhard materials [J]. Mater. Chem. Phys, 1996, 43: 1-18.

[40] Gao F, He J, Wu E, et al. Hardness of covalent crystals [J]. Phys. Rev. Lett., 2003, 91: 015502.

[41] Li K, Xue D. Hardness of materials: studies at levels from atoms to crystals [J]. Chin. Sci. Bull., 2009, 54: 131-136.

[42] Huang K, Born M. Dynamical theory of crystal lattices [M]. Clarendon, 1954.

[43] Ashcroft N W, Mermin N D. Solid State Physics (Saunders College, Philadelphia) [J]. Appendix N, 1976,

[44] Siethoff H, Ahlborn K. Debye-temperature-elastic-constants relationship for materials with hexagonal and tetragonal symmetry [J]. J. Appl. Phys., 1996, 79: 2968-2974.

[45] Marmalyuk A, Akchurin R K, Gorbylev V. Theoretical calculation of the Debye temperature and temperature dependence of heat capacity of aluminum, gallium, and indium nitrides [J]. High Temp., 1998, 36: 817-819.

[46] Peng F, Chen D, Fu H, et al. The phase transition and the elastic and thermodynamic properties of AlN: First principles [J]. Phys. B: Condens. Matter, 2008, 403: 4259-4263.

[47] Steigmeier E. The Debye Temperatures of Ⅲ-V Compounds [J]. Appl. Phys. Lett, 1963, 3: 6-8.

[48] NarAlN S. Analysis of the Debye temperature for $A_N B_{8-N}$ type ionic and partially covalent crystals [J]. Phys. Status Solidi B, 1994, 182: 273-278.

[49] Wagini H. Notizen: Systematik charakteristischer Temperaturen von Halbleitern mit Zinkblende-Gitter [J]. Z. Naturforsch. A, 1967, 22: 1135-1136.

[50] Kumar V, Jha V, Shrivastava A. Debye temperature and melting point of Ⅱ-Ⅳ and Ⅲ-Ⅴ semiconductors [J]. Cryst. Res. Technol., 2010, 45: 920-924.

[51] Yakovkin I N, Dowben P A. The problem of the band gap in LDA calculations [J]. Surf. Rev. Lett., 2007, 14: 481-487.

[52] Broqvist P, Alkauskas A, Pasquarello A. Defect levels of dangling bonds in silicon and germanium through hybrid functionals [J]. Phys. Rev. B, 2008, 78: 075203.

[53] Feneberg M, Leute R A R, Neuschl B, et al. High-excitation and high-resolution photolu-

minescence spectra of bulk AlN [J]. Phys. Rev. B: Condens. Matter, 2010, 82: 3484-3494.

[54] Berger L I. Semiconductor materials [M]. CRC press, 1996.

[55] Toll J S. Causality and the Dispersion Relation: Logical Foundations [J]. Phys. Rev., 1956, 104: 1760-1770.

[56] Saha S, Sinha T, Mookerjee A. Electronic structure, chemical bonding, and optical properties of paraelectric $BaTiO_3$ [J]. Phys. Rev. B, 2000, 62: 8828-8834.

3 AlN 正交亚稳相的第一性原理研究

3.1 概述

1877 年首次合成氮化铝（AlN，Aluminium Nitride），后经过不断改进，目前常用的方法是铝粉在氨或氮气氛中 800～1000 ℃ 合成，产物为白色到灰蓝色粉末；或由 Al_2O_3-C-N_2 体系在 1600～1750 ℃反应合成，产物为灰白色粉末；或氯化铝与氨经气相反应制得。涂层可由 $AlCl_3$-NH_3 体系通过气相沉积法合成。

可通过氧化铝和碳的还原作用或直接氮化金属铝来制备。氮化铝是一种以共价键相连的物质，它有六角晶体结构，与硫化锌、纤维锌矿同形。此结构的空间组为 P63mc，要以热压及焊接方式才可制造出工业级的物料。物质在惰性的高温环境中非常稳定。在空气中，温度高于 700 ℃时，物质表面会发生氧化作用。在室温下，物质表面仍能探测到 5～10 nm 厚的氧化物薄膜。直至 1370 ℃，氧化物薄膜仍可保护物质；但当温度高于 1370 ℃时，便会发生大量氧化作用。直至 980 ℃，氮化铝在氢气及二氧化碳中仍相当稳定，矿物酸通过侵袭粒状物质的界限使它慢慢溶解，而强碱则通过侵袭粒状氮化铝使它溶解。氮化铝可以抵抗大部分熔融状态盐的侵袭，包括氯化物及冰晶石（六氟铝酸钠）。

到目前为止，有不少科研工作者从实验和理论上研究了 AlN 的新结构和相变。基于先前理论的不完备和计算资源的限制，很多新结构的研究都是半经验的，这些新结构的预测还没有广泛验证分析。

本章首先通过全面的稳定性分析来分析前人预测的 AlN 结构存在合理性，同时采用粒子群算法预测了 4 种具有低密度和较高硬度的正交晶系 AlN 新结构。这些结构硬度值介于 13.2～15.2 GPa，具有 3.627～3.927 eV 的直接带隙。

3.2 计算方法

3.2.1 结构模型

采用基于粒子群算法的晶体结构搜索程序包 CALYPSO[1～3] 对 AlN 进行室压下多倍分子式的结构搜索。CALYPSO 随机产生第一代结构，后续通过粒子群算法结合第一性原理计算程序 VASP[4,5] 等来快速优化得到给定条件下能量最低的若干结构。该方法仅需给定组分和外界条件（如压力）的情况下预测出最稳定的结构。

3.2.2 计算参数

CALYPSO 产生结构的筛选工作在 CASTEP（Cambridge Sequential Total Energy Package）程序[6,7]中进行。筛选工作主要结构优化和稳定性分析等挑选出可能稳定存在的结构。交换关联式采用广义梯度近似（GGA，Generalised Gradient Approximation）的 PBE（Perdew Burke Ernzerhof）函数。超软赝势（USPP，Ultrasoft Pseudo potential）[8]被用来描述 Al（$3s^2 3p^1$）和 N（$2s^2 2p^3$）的电子结构。采用一种能快速获取低能量状态的算法（BFGS，Broyden Fletcher Goldfarband Shanno）[8]来优化指定压力下的结构。整个计算过程中为了保证体系总能量的收敛精度达到 1 meV，平面波截断能设置为 500 eV，布里渊区（Brillioiun zone）采样网格采用 $2\pi\times0.04$ $Å^{-1}$来划分[9]。在结构优化的过程中，收敛精度必须达到如下标准：体系总能量小于 5×10^{-6} eV/atom，原子力小于 0.01 eV/Å，体系应力小于 0.02 GPa 和原子位移小于 5×10^{-4} Å。通过应力-应变（stress-strain）方法计算不同结构的弹性常数（elastic constants）。为了检验优化后结构的动力学稳定性，在 CASTEP 中采用线性响应方法（linear respons）[10~12]对结构整个布里渊区的声子散射谱（phonon dispersion spectra）进行了研究。

3.3 晶体结构及布里渊区

3.3.1 晶体结构

通过对大量结构的筛选，除了实验上已经存在的 wz-AlN、zb-AlN 和 rs-AlN 3 种结构，成功预测出 AlN 的 4 种新型结构。它们都是正交晶系（orthorhombic），分别具有 $Pmn2_1$、Pbam、Pbca 和 Cmcm 空间群，鉴于此处若采用皮尔逊符号命名会存在重复导致难以表述清晰，这里根据空间群分别将其命名为 $Pmn2_1$-AlN、Pbam-AlN、Pbca-AlN 和 Cmcm-AlN。其中，$Pmn2_1$-AlN、Pbam-AlN 和 Pbca-AlN 都是原心对称（primitive-centred）（0，0，0）正交结构，单胞含有 16 原子；Cmcm-AlN 是面心 C-centred（0.5，0.5，0）正交结构，单胞含有 24 个原子。它们室压下的结构如图 3-1 所示。4 个新结构中的所有原子都有 4 个配位原子，并且与配位原子形成［AlN_4］/［NAl_4］四面体。结构中没有 Al—Al/N—N 的形成，保证了新结构具有较低的能量。

$Pmn2_1$-AlN（见图 3-1（a））：在结构中有两种类矩形结构单元，都是由 4 个不同键长的 Al—N 组成，它们都垂直于 a 轴，其中一种处于 $a=0$，另一种处于 $a=0.5$。在结构中到处可见类似于 wz-AlN 结构片段，$Pmn2_1$-AlN 正是由这些类似于 wz-AlN 结构片段通过 Al—N 连接组成。在该结构中，所有的 Al—N 键的键长集中在 1.870 Å 到 1.934 Å 之间。

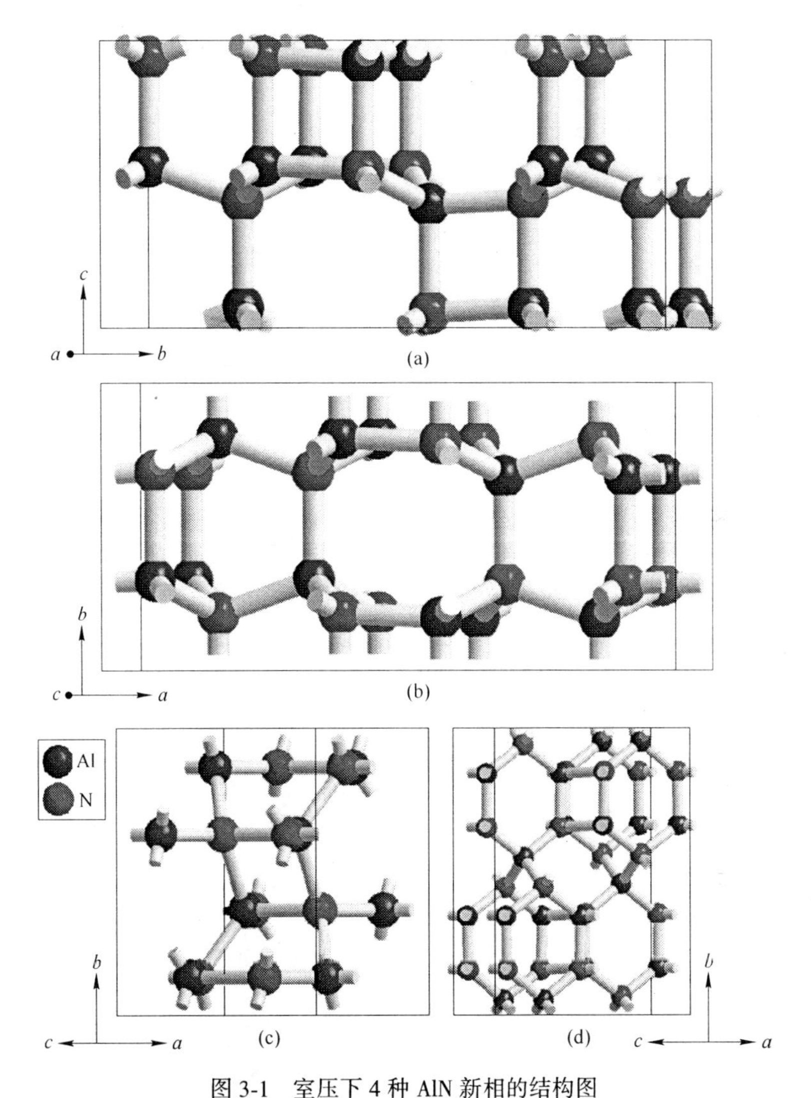

图 3-1 室压下 4 种 AlN 新相的结构图

(a) $Pmn2_1$-AlN；(b) Pbam-AlN；(c) Pbca-AlN；(d) Cmcm-AlN

Pbam-AlN（见图 3-1（b））：基于原子在 c 轴上的投影坐标，结构中 16 个原子可以分为两类（A1：$c=0$ 和 A2：$c=0.5$）。结构中含有四元环、六元环和八元环，其中平面状的四元环和不同平面状的八元环由不同平面状的六元环连接起来。结构的左右两部分相似，都是由 wz-AlN 结构片段通过平行于 a 轴的 Al-N 连接。Pbam-AlN 也可以看作是若干 wz-AlN 通过重建形成的结构。

Pbca-AlN（见图 3-1（c））：沿 b 轴自下而上存在 4 个平行的原子层。如果把最下面一层原子的 b 轴投影坐标定为 $u(u=0.133)$，那么其余三层原子的 b 轴投影坐标分别为 $0.5-u$、$0.5+u$ 和 $1-u$。结构中存在两类环：四元环和六元环。原子层 0.5−u 和 0.5+u 的对应原子通过平行的 Al—N 连接，并形成四元环，而处于同一原子层的 4 个原子与邻近原子层中的两个原子连接就形成了六元环。在每一个配位四面体中，4 个 Al—N 具有不同的键长：1.874 Å、1.879 Å、1.912 Å和 1.932 Å。

Cmcm-AlN（见图 3-1（c））：该结构可以视为由 4 个同平面六元环组成。所有的六元环都是垂直于 a 轴的，其中左上角和右下角的六元环具有相同的 a 轴坐标（a=0.5）。其余两个六元环的 a 轴坐标为 0。在单胞的顶部（底部），一个六元环（a=0）与另一个六元环（a=0.5）通过两个平行的 Al—N 连接。

有关 4 种新型正交晶系 AlN 结构的更多结构信息如空间群号、晶格参数和密度信息见表 3-1，四者晶体结构的原子占位坐标（A. W. P.，Atomic Wyckoff Positions）信息则见表 3-2。

表 3-1　4 种新型 AlN 正交相的空间群号、晶格参数及密度

物相	空间群号 S. N.	晶格参数/Å			密度 ρ/g · cm^{-3}
		a	b	c	
$Pmn2_1$-AlN	31	3.109	10.938	5.081	3.158
Pbam-AlN	55	10.832	5.085	3.128	3.161
Pbca-AlN	61	5.265	6.191	5.416	3.085
Cmcm-AlN	63	3.179	10.398	8.190	3.017

表 3-2　4 种新型 AlN 正交相的原子占位坐标 A. W. P.

物相	原子占位坐标 A. W. P.
$Pmn2_1$	Al：2a（0.5，0.208，0.066）；（0.5，0.041，0.565）；（0.0，0.286，0.565）；（0.0，0.463，0.926） N：2a（0.5，0.538，0.048）；（0.5，0.713，0.445）；（0.5，0.208，0.442）；（0.5，0.041，0.943）
Pbam	Al：4h（0.834，0.180，0.5）；4g（0.912，0.682，0） N：4h（0.333，0.696，0.5）；4g（0.413，0.199，0）
Pbca	Al：8c（0.177，0.633，0.912） N：8c（0.690，0.367，0.408）
Cmcm	Al：4c（0.5，0.547，0.75）；8f（0.0，0.340，0.941） N：4c（0.0，0.440，0.75）；8f（0.5，0.348，0.436）

室压下，结构优化后的 wz-AlN、zb-AlN 和 rs-AlN 的密度值分别为 3.214 g/cm^3、3.205 g/cm^{3}和 4.039 g/cm^3。可见 Cmcm-AlN 具有最低的密度，比 wz-AlN 低 6.13%，Pbca-AlN、$Pmn2_1$-AlN 和 Pbam-AlN 密度分别比 wz-AlN 的密度低 4%、1.7%和 1.6%。

3.3.2 布里渊区及路径

众所周知，倒易空间由晶体自身结构决定，晶体结构不同其倒易空间亦不同。对于此研究中提出的新型 AlN 结构分为两类：（1）简单原心正交晶系，如 $Pmn2_1$-AlN、Pbam-AlN 和 Pbca-AlN，其原胞与单胞等同。它们的倒易空间均为六方柱体，分别如图 3-2（a）、（b）和（d）所示，3 条细长线（$g1$、$g2$ 和 $g3$）代表倒易空间 3 个基矢，其中 $g1$、$g2$ 和 $g3$ 三者相互垂直，图中黑色粗线所构成区域即为其布里渊区，其路径为 $G(0, 0, 0) \rightarrow Z(0, 0, 1/2) \rightarrow T(-1/2, 0, 1/2) \rightarrow Y(-1/2, 0, 0) \rightarrow S(-1/2, 1/2, 0) \rightarrow X(0, 1/2, 0) \rightarrow U(0, 1/2, 1/2) \rightarrow R(-1/2, 1/2, 1/2)$；（2）面心正交晶系，如 Cmcm-AlN，其原胞较单胞的空间大小和所含原子数均小，因此后续计算采用其原胞为模型来提高运行效率。Cmcm-AlN 原胞的倒易空间均为由 8 个正六边形和 6 个正方形围成的空间几何构型，如图 3-2（c）所示，3 条细长线（$g1$、$g2$ 和 $g3$）代表倒易空间 3 个基矢，其中 $g1$ 和 $g2$ 夹角为 146°0.144′，且 $g3$ 同时垂直于 $g1$ 和 $g2$，图中黑色粗线所构成区域即为其布里渊区，其路径为 $G(0, 0, 0) \rightarrow Z(0, 0, 1/2) \rightarrow T(1/2, 1/2, 1/2) \rightarrow Y(1/2, 1/2, 0) \rightarrow G(0, 0, 0) \rightarrow S(0, 1/2, 0) \rightarrow R(0, 1/2, 1/2) \rightarrow Z(0, 0, 1/2)$。

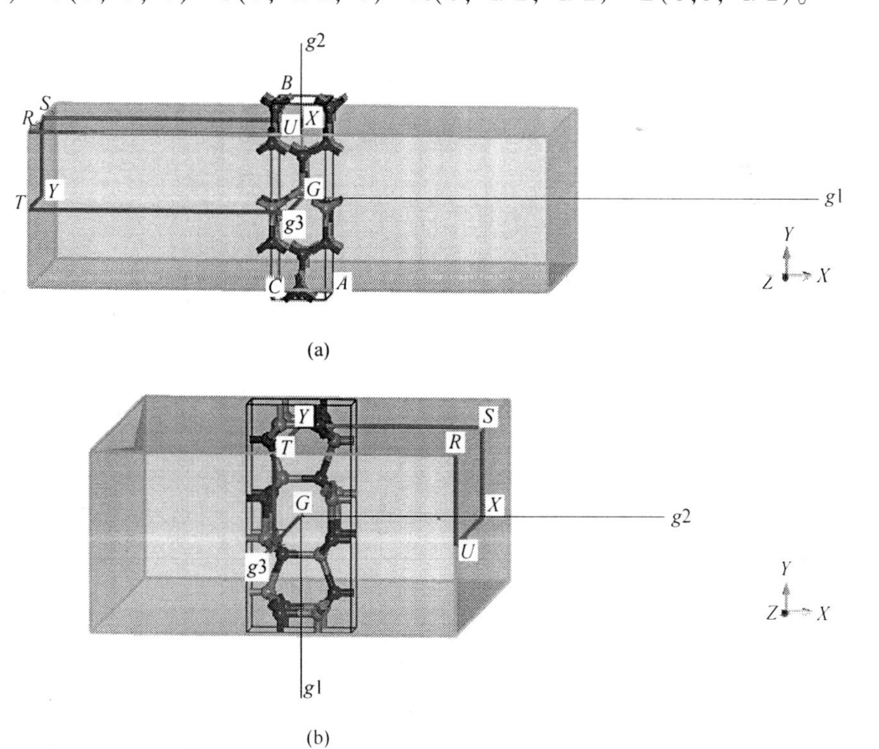

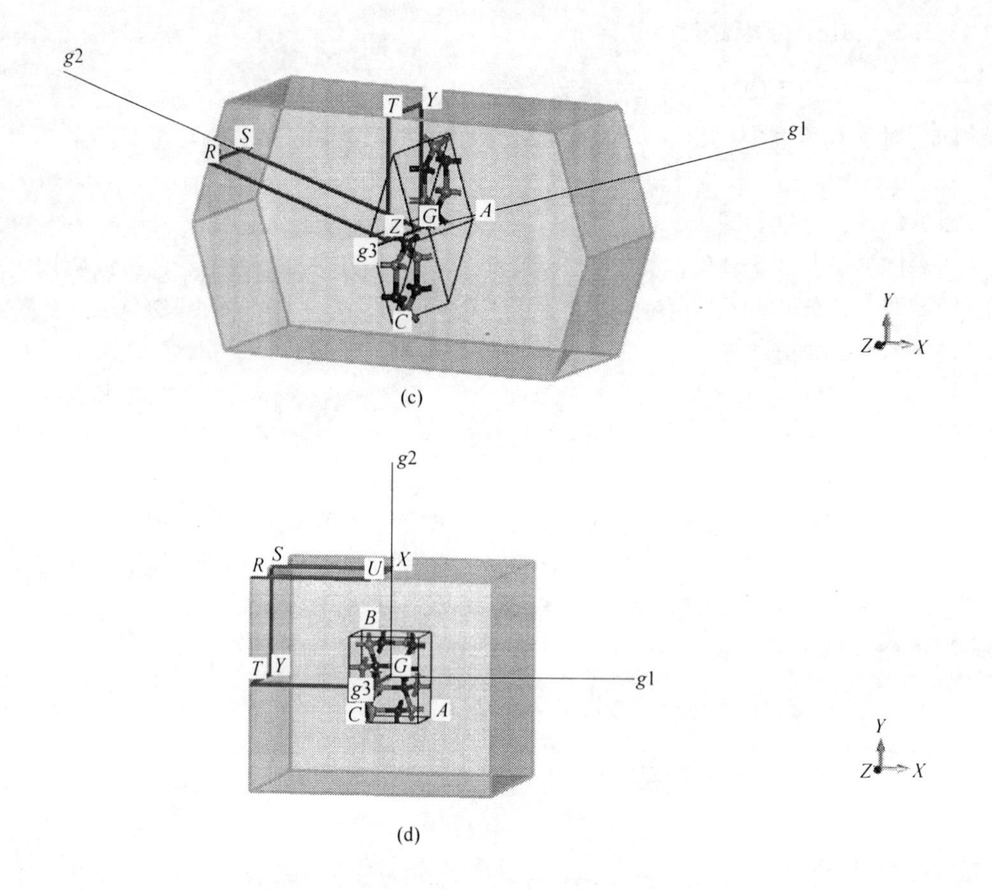

图 3-2　4 种 AlN 结构原胞的倒易空间和布里渊区

(a) $Pmn2_1$-AlN；(b) Pbam-AlN；(c) Cmcm-AlN；(d) Pbca-AlN

3.4　稳定性分析

为了分析 4 种新型 AlN 正交相的弹性力学稳定性和动力学稳定性，本节研究了它们在室压下的弹性常数和声子散射谱。

3.4.1　弹性力学稳定性

正交晶系具有 9 个独立弹性常数（C_{11}、C_{22}、C_{33}、C_{44}、C_{55}、C_{66}、C_{12}、C_{13} 和 C_{23}），弹性力学稳定性判据见式（3-1）[13~15]。

$$C_{ii}>0,\ (i=1,\ 2,\ \cdots,\ 6);\ (C_{11}+C_{22}-2C_{12})>0;\ (C_{11}+C_{33}-2C_{13})>0;$$
$$(C_{22}+C_{33}-2C_{23})>0;\ [C_{11}+C_{22}+C_{33}+2(C_{12}+C_{13}+C_{23})]>0 \tag{3-1}$$

根据判据式（3-1）及表 3-3 独立弹性常数的计算结果可知，室压下 $Pmn2_1$-AlN、Pbam-AlN、Pbca-AlN 和 Cmcm-AlN 都满足弹性力学稳定性条件。

表 3-3　$Pmn2_1$-AlN、Pbam-AlN、Pbca-AlN 和 Cmcm-AlN 的独立弹性常数 C_{ij}　（GPa）

结构	C_{11}	C_{22}	C_{33}	C_{44}	C_{55}	C_{66}	C_{12}	C_{13}	C_{23}
$Pmn2_1$-AlN	381.9	345.9	287.9	114.5	111.8	113.2	126.0	98.3	100.6
Pbam-AlN	347.7	290.7	381.5	112.1	113.0	111.7	98.7	128.1	96.8
Pbca-AlN	252.1	309.8	376.0	104.2	110.2	116.1	117.9	102.1	124.1
Cmcm-AlN	339.1	277.7	291.7	131.6	87.4	107.9	81.4	123.1	123.1

3.4.2　动力学稳定性

计算的声子散射和声子态密度如图 3-3 所示，$Pmn2_1$-AlN、Pbam-AlN、Pbca-

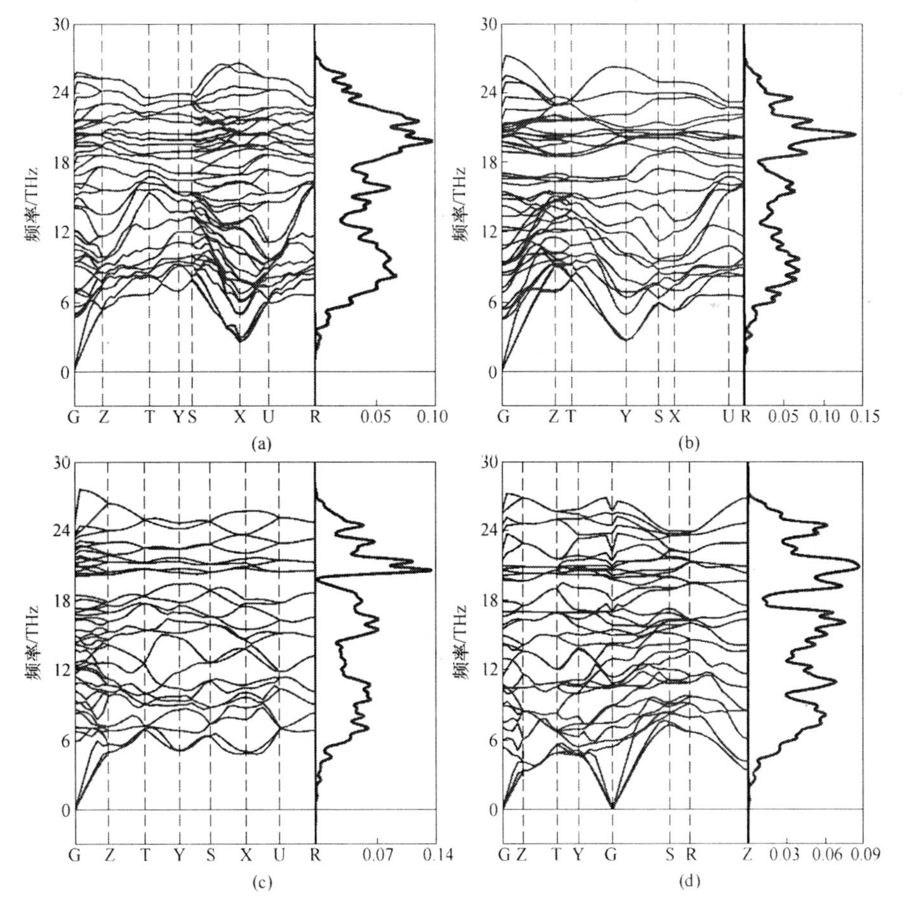

图 3-3　室压下正交晶系 AlN 结构的声子散射（左侧）及其对应声子态密度（右侧）图谱

（a）$Pmn2_1$-AlN；（b）Pbam-AlN；（c）Pbca-AlN；（d）Cmcm-AlN

AlN 和 Cmcm-AlN 四者整个布里渊区的声子振动谱均无虚频，且声子态密度在虚频区间无峰，说明它们都是动力学稳定的。此外，$Pmn2_1$-AlN、Pbam-AlN、Pbca-AlN 和 Cmcm-AlN 四者的声子振动最大频率相近，分别为 26. 54 THz、27. 23 THz、27. 56 THz 和 27. 17 THz。高的声子振动频率也表明 4 种新型 AlN 正交相具有较强的 Al—N 化学键键能。

3. 5　高压相变

作为一个基础的热力学变量，压力显著地影响着材料的物理化学性质。高压也是材料研究中一个前景诱人的领域。

图 3-4 所示为两种已知结构（zb-AlN 和 rs-AlN）和新提出的 4 种结构与 wz-AlN在 0～20 GPa 内的焓差图。毫无疑问，在室压下，wz-AlN 能量最低最稳定，$Pmn2_1$-AlN、Pbam-AlN、Pbca-AlN 和 Cmcm-AlN 比 rs-AlN 单位分子式能量低。在整个研究的压力范围内，zb-AlN 一直比 wz-AlN 单位分子式能量高约 0. 05 eV。随着压力的升高，到 4. 34 GPa 时，Cmcm-AlN 能量高于 rs-AlN；接着升压到 9. 07 GPa 时，rs-AlN 比 Pbca-AlN 更稳定，继续加压，rs-AlN 能量优势继续扩大；到 11. 14 GPa 时，所有新相都会相变为 rs-AlN。wz-AlN 在 14 GPa 会转变为 rs-AlN，与先前实验报道[16~19]和理论研究一致[20~22]。即当压力达到 14 GPa以上时所有研究的 AlN 相都会相变为 rs-AlN。

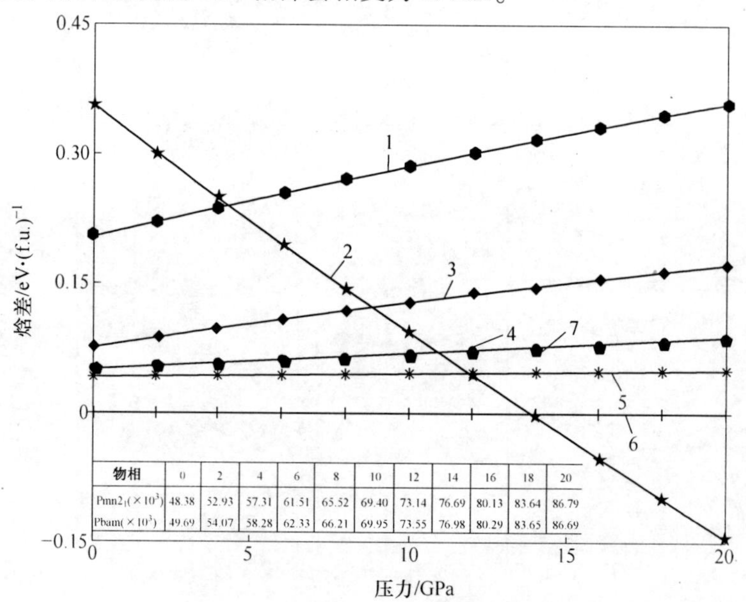

物相	0	2	4	6	8	10	12	14	16	18	20
$Pmn2_1$($\times 10^3$)	48.38	52.93	57.31	61.51	65.52	69.40	73.14	76.69	80.13	83.64	86.79
Pbam($\times 10^3$)	49.69	54.07	58.28	62.33	66.21	69.95	73.55	76.98	80.29	83.65	86.69

图 3-4　AlN 不同相相对于 wz 型结构的焓差-压力图

1—Cmcm-AlN；2—rs-AlN；3—Pbca-AlN；4—$Pmn2_1$-AlN；

5—zb-AlN；6—wz-AlN；7—Pbam-AlN

焓压数据表明 4 种新型 AlN 相都不是压力驱动型结构。因此这些结构不太可能通过高压手段直接加压得到。然而先前高压实验研究表明，亚稳相的形成受泄压速率的影响。例如 Si-Ⅻ(R8)、Si-Ⅲ(BC8) 和 Ge-Ⅲ(ST12) 能分别通过从 β-Sn结构的 Si 和 Ge(Si-Ⅱ/Ge-Ⅱ) 慢速泄压获得[23,24]。然而快速泄压却能得到 Ge-Ⅳ(BC8) 相和四方晶系的 Si-Ⅷ/Ⅸ相[25,26]。类似地，这 4 种 AlN 新型正交结构可能通过调节泄压速率来获得。

3.6 力学性质

3.6.1 BM 状态方程

用凝聚态中常用的 Birth-Murnaghan equation of state (BM-EOS)[27] 三阶状态方程拟合 4 种新型正交晶系的 AlN 结构的压力体积数据（压力范围 0~20 GPa，间隔 2 GPa 取数)，如图 3-5 所示。

$$P(V) = 1.5B_0[(V/V_0)^{-7/3} - (V/V_0)^{-5/3}]\{1 + 0.75(B_0' - 4)[(V/V_0)^{-2/3} - 1]\} \tag{3-2}$$

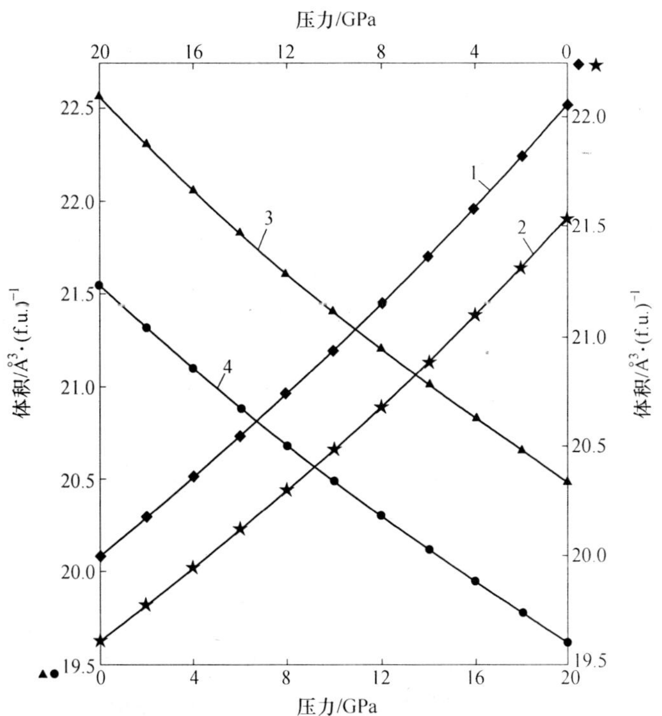

图 3-5 AlN 4 种新型结构的体积压力图（实心几何图案代表计算的数据，实线代表拟合结果）
1—Pbca-AlN（上、右坐标）；2—Pbam-AlN（上、右坐标）；
3—Cmcm-AlN（左、下坐标）；4—$Pmn2_1$-AlN（左、下坐标）

式中，V_0 和 V 分别为每分子式 AlN 在室压下和给定压力下的体积值；B_0 为绝热体积模量；B_0' 是 B_0 的一阶压力偏导。通过 BM-EOS 状态方程拟合得到 B_0、B_0' 和 V_0 数值，结果见表 3-4。随着压力增加，所有相的体积均减小。在所研究的压力范围内，它们具有相似的体积压缩率，约 9%（最大的为 Pbca-AlN，9.39%；最小的为 Pbam-AlN，8.92%），较低的体积压缩率表明这 4 种结构具有较好的抗压缩性，也即预示着 4 种新型 AlN 具有较高的力学性质。

表 3-4　4 种新型正交晶系 AlN 结构室压下的 BM 状态方程拟合数据

结构	$Pmn2_1$-AlN	Pbam-AlN	Pbca-AlN	Cmcm-AlN
B_0/GPa	182.7	183.2	178.8	172.7
$V_0/Å^3 \cdot (f.u.)^{-1}$	21.5	21.5	22.1	22.6
B_0'	3.40	3.38	2.74	3.81

3.6.2　力学模量与经验硬度

通过独立弹性常数 C_{ij}，可以计算得到正交晶系 AlN 结构的体积模量（Bulk modulus）B 和剪切模量（Shear modulus）G，并根据第 2 章力学性质板块式（2-9）进一步获得材料的杨氏模量（Young's modulus）E 和泊松比（Poisson's ratio）σ[28,29]，计算得到的新结构的 B、G、E、σ 和 B/G 列在表 3-5 中。

表 3-5　新型正交晶系 AlN 结构室压下的力学性质参数

结构	B/GPa	G/GPa	E/GPa	σ	G/B	HV/GPa
$Pmn2_1$-AlN	183.2	113.6	282.4	0.24	0.62	15.22
Pbam-AlN	183.4	113.5	282.3	0.24	0.62	15.17
Pbca-AlN	178.3	104.5	262.2	0.25	0.59	13.25
Cmcm-AlN	173.1	102.2	256.2	0.25	0.59	13.17

对比表 3-4 和表 3-5，不难发现，通过 BM-EOS 拟合得到的体积模量值和通过独立弹性常数计算得到体积模量值几乎完全一致，这也证明了计算模型、参数及方法的准确性。

作为材料力学性质的重要属性，硬度被广泛用来考量材料的力学性质好坏。这里首先采用中科院陈星秋研究员提出的硬度经验公式[30]，具体见第 2 章式（2-11），进一步分析了 4 种新相的维氏硬度（Vickers hardness）HV。

计算得到的硬度值一并列在表 3-5 中。经初步计算，提出来的 4 种正交晶系 AlN 新相硬度值介于 13.2~15.2 GPa，它们极大地丰富了 AlN 材料的硬度，将会大大拓宽 AlN 在工业上的应用。

3.6.3 微观硬度模型分析

鉴于硬度是力学性质的一个重要属性，它代表材料抵抗被刻划或被压入的能力[31,32]。固体对外界物体入侵的局部抵抗能力，是比较各种材料软硬的指标。由于规定了不同的测试方法，所以有不同的硬度标准。硬度有很多表征手段，比如维氏硬度、洛氏硬度、努氏硬度、肖氏硬度等，硬度的理论研究也有经验模型[30]、键阻模型[33,34]、键强模型[35]、电负性模型[36~38]等。这里进一步采用被广泛应用的维氏硬度理论预测模型-键阻模型来对 4 种新型正交晶系 AlN 结构的理论硬度进行全面而精准的分析。

在键阻模型中，晶体（共价晶体及极性共价晶体）的维氏硬度等价于单位面积上所有键对压痕的阻抗之和。对于一个含多元键类的体系，其硬度即为每种不同键硬度的几何平均值。具体计算公式如下：

$$HV^{\mu} = 350(N_e^{\mu})^{\frac{2}{3}} e^{-1.191 f_i^{\mu}} / (d^{\mu})^{2.5} \tag{3-3}$$

$$HV = \left[\prod^{\mu} (HV^{\mu})^{n^{\mu}} \right]^{1/\Sigma n^{\mu}} \tag{3-4}$$

式中，HV^{μ} 为由键型 μ 的键组成的二元化合物硬度值；n^{μ} 为复杂晶体中含有 μ 型键的数目；f_i^{μ} 为 μ 型键的离子性；N_e^{μ} 为单位体积内 μ 型键的价电子数目。这里离子性 f_i^{μ} 和单位体积价电子数 N_e^{μ} 可以通过式（3-5）和式（3-6）得到。

$$f_i^{\mu} = (1 - e^{-\frac{|P_c - P|}{P}})^{0.735} \tag{3-5}$$

$$N_e^{\mu} = n_e^{\mu} / V_b^{\mu} \tag{3-6}$$

式中，P 为键的布局数；P_c 为由纯共价键组成的类似结构的键布局数；n_e^{μ} 为每根 μ 型键实际含有价电子数；V_b^{μ} 为 μ 型键的体积。n_e^{μ} 和 V_b^{μ} 能通过式（3-7）和式（3-8）计算得到[39,40]。

$$n_e^{\mu} = (Z_A^{\mu})^* / N_{CA} + (Z_B^{\mu})^* / N_{CB} \tag{3-7}$$

$$V_b^{\mu} = (d^{\mu})^3 / \sum_{v} [(d^{v})^3 N_b^{v}] \tag{3-8}$$

式中，$(Z_A^{\mu})^*$，$(Z_B^{\mu})^*$ 为构成 μ 型键的原子 Al 及原子 N 各自的价电子数；N_{CA} 及 N_{CB} 分别为原子 Al 和原子 N 的配位数；N_b^{v} 为单位体积 v 型键的键数。

需要说明的是，此 4 种新型正交晶系 AlN 相中所有原子都是 4 配位，并与配位原子形成四面体，这与金刚石非常相似，所以在计算硬度时采用的 P_c 为 0.75。同时为了便于与实验相对比并说明，此处基于键阻模型硬度公式一并计算了 wz-AlN、zb-AlN 和 rs-AlN 三者的硬度。对于 rs-AlN，采用的 P_c 值为 0.43[41]，对于闪锌矿结构，P_c 取 0.75。表 3-6 给出了 3 种 AlN 实验相的键阻模型维氏硬度计算的相关参数，同时表中列出了相关物相的实验测量硬度值以及前人理论计算所得值。表 3-7 所列为 4 种 AlN 新型正交相的微观硬度模型计算相关参数。

表 3-6 AlN 新型正交相的微观硬度模型计算相关参数

类型	d^{μ}/Å	f_i^{μ}	V_b^{μ}/Å^3	N_e^{μ}	HV^{μ}/GPa	HV	HV^{exp}	HV^{cal}
wz-AlN	1.91	0.89	5.36	0.37	12.40	20.19	18[42]	21.7[33]
	1.90	0.37	5.27	0.38	23.75		17.7[43]	17.6[44]
zb-AlN	1.90	0.50	5.31	0.38	20.34	20.34		
rs-AlN	2.03	0.06	2.81	0.47	33.55	33.55	约 30[45]	

由表 3-6 可知，基于硬度微观模型计算所得 wz-AlN 和 zb-AlN 硬度相当，均约 20 GPa，rs-AlN 硬度计算值为 33.55 GPa，明显高于室压稳定相 wz-AlN 和亚稳相 zb-AlN。此外，对比先前理论计算结果与实验测量值，发现基于键阻模型的硬度计算与前人研究成果吻合。同时，基于该微观模型计算所得 4 种正交晶系 AlN 的硬度见表 3-7，四者均具有相近的硬度值，均约 20 GPa，与 wz-AlN 相当。

表 3-7 新型 AlN 正交相的微观硬度模型计算相关参数

AlN 正交相	d^{μ}	f_i^{μ}	V_b^{μ}	N_e^{μ}	HV^{μ}	HV
$Pmn2_1$-AlN	1.870	0.312	5.128	0.390	26.931	20.757
	1.883	0.303	5.235	0.382	26.386	
	1.888	0.312	5.274	0.379	25.820	
	1.900	0.312	5.379	0.372	25.065	
	1.902	0.589	5.393	0.371	17.954	
	1.905	0.555	5.415	0.369	18.581	
	1.914	0.555	5.496	0.364	18.174	
	1.915	0.538	5.504	0.363	18.503	
	1.916	0.706	5.516	0.363	15.104	
	1.923	0.754	5.571	0.359	14.046	
	1.927	0.639	5.607	0.357	15.946	
	1.934	0.689	5.666	0.353	14.796	
Pbam-AlN	1.890	0.656	5.319	0.376	16.991	20.541
	1.890	0.639	5.319	0.376	17.332	
	1.892	0.572	5.338	0.375	18.681	
	1.902	0.339	5.418	0.369	24.120	
	1.902	0.330	5.418	0.369	24.377	
	1.933	0.589	5.684	0.352	16.661	

续表 3-7

AlN 正交相	d^{μ}	f_i^{μ}	V_b^{μ}	N_e^{μ}	HV^{μ}	HV
Pbca-AlN	1.890	0.656	5.319	0.376	16.991	20.541
	1.890	0.639	5.319	0.376	17.332	
	1.892	0.572	5.338	0.375	18.681	
	1.902	0.339	5.418	0.369	24.120	
	1.902	0.330	5.418	0.369	24.377	
	1.933	0.589	5.684	0.352	16.661	
Cmcm-AlN	1.872	0.487	5.375	0.372	21.142	19.493
	1.881	0.538	5.447	0.367	19.493	
	1.884	0.392	5.479	0.365	23.004	
	1.941	0.478	5.988	0.334	18.163	
	1.950	0.689	6.067	0.330	13.848	

3.7 热学性质

利用线性响应机制，通过总能量的二阶导数来确定布里渊区沿不同路径点的声子振动谱[46]。晶格动力学的声子解释已成功地用于描述实际晶体的热学性质及现象，如自由能 G、焓 H、熵 S、比热 C_V 和德拜温度 Θ_D。计算所得室压下 4 种新型 AlN 正交相各原胞的声子散射谱和声子态密度如图 3-3 所示，并用于评估准谐近似下热学性质与温度之间的关系。

3.7.1 零点振动能

零点振动能 E_{zp} 可由声子散射谱及其相应的声子态密度计算获得，见第 2 章热学性质板块式（2-13）。鉴于物质的量与能量存在制约关系，这里固定 4 种新型正交晶系 AlN 结构的物质的量，以每分子式 AlN 为例，Cmcm-AlN 有着最低的 E_{zp}（190.48 meV），Pbam-AlN 的 E_{zp} = 192.60 meV），Pbca-AlN 有着更高的 E_{zp}（192.81 meV），仅比 Pmn2$_1$-AlN 的 E_{zp} 小 1 meV。发现结构对零点振动能 E_{zp} 存在一定的影响，四者均为正交晶系且零点振动能 E_{zp} 相近，其中 Pbam-AlN、Pbca-AlN 和 Pmn2$_1$-AlN 均为简单正交结构，三者的 E_{zp} 更为接近，且均比 Cmcm-AlN 的 E_{zp} 高 2 meV 以上。

3.7.2 热力学物理量

热力学物理量如焓 H、吉布斯自由能 G 和振动熵 S 与温度 T 之间的关系分别如 2.5.3 节式（2-14）~式（2-16）所示。根据计算所得 4 种 AlN 正交相的焓 H、

自由能 G、振动熵 S 等热力学函数，绘制其与温度 T 的关系，如图 3-6 所示。为了统一单位并便于比较，熵不是单独形式给出而是以 $T\times S$ 的形式呈现。仔细比较发现，无论是哪种正交结构的 AlN，其热力学函数 H、G、S 与 T 之间均符合热力学公式 $G=H-T\times S$。此外，对于 3 种原始正交结构的 AlN 相而言，其热力学函数 H、G、S 均相近，且与 Cmcm-AlN 的相关热力学函数呈 4 : 3 的数值关系，这与它们原胞结构中所含分子式数密切相关。

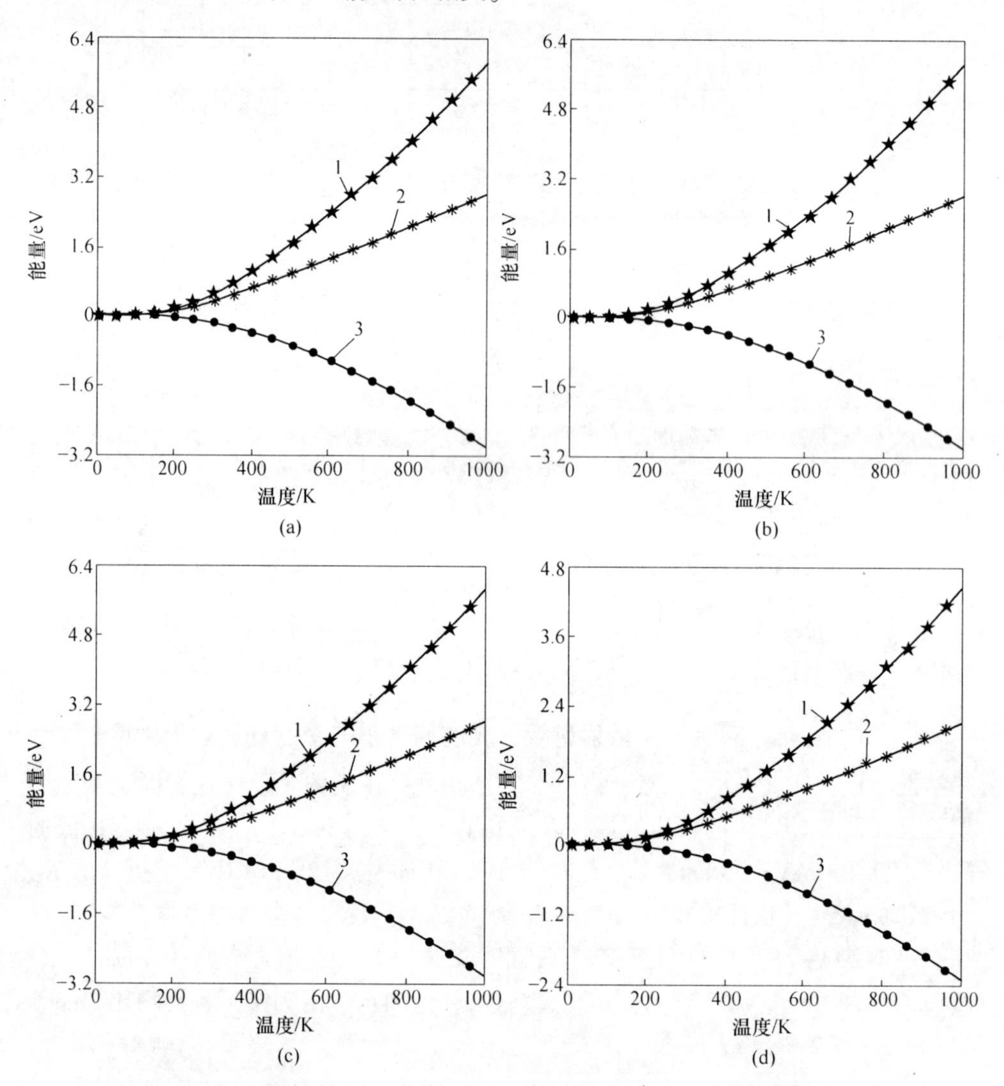

图 3-6　计算所得新型 AlN 正交相的热力学函数与温度 T 之间的关系

(a) $Pmn2_1$-AlN；(b) Pbam-AlN；(c) Pbca-AlN；(d) Cmcm-AlN

1—$T\times S$；2—H；3—G

3.7.3 定容比热容

定容比热容 C_V与温度 T 的关系见第 2 章式（2-18），如图 3-7 所示，计算出的 4 种正交相 AlN 的定容比热容 C_V 在 0 K 到室温范围内，均随着温度 T 升高而快速增大；在接近室温附近随温度升高而增大，此时增幅的斜率低于低温段的增幅斜率；当温度继续升高时，定容比热容缓慢增大，且呈逼近极限态势。经过 Cal/(Cell · K)与 J/(K · mol) 之间单位换算，发现在 $T \gg \Theta_D$ 的高温下，每 AlN 分子式所对应的定容比热容 C_V 趋近于双原子化合物的杜隆-珀替极限值 $6R$（R = 8.314 J/(K · mol)）；在 $T \ll \Theta_D$ 的低温下，定容比热容 C_V 正比于（T/Θ_D）^{3}。此外相同温度下，4 种正交相的定容比热容 C_V 比值近似等同于其原胞中所含 AlN 分子式数的比值（Pmn2_1-AlN：Pbam-AlN：Pbca-AlN：Cmcm-AlN = 4：4：4：3）。

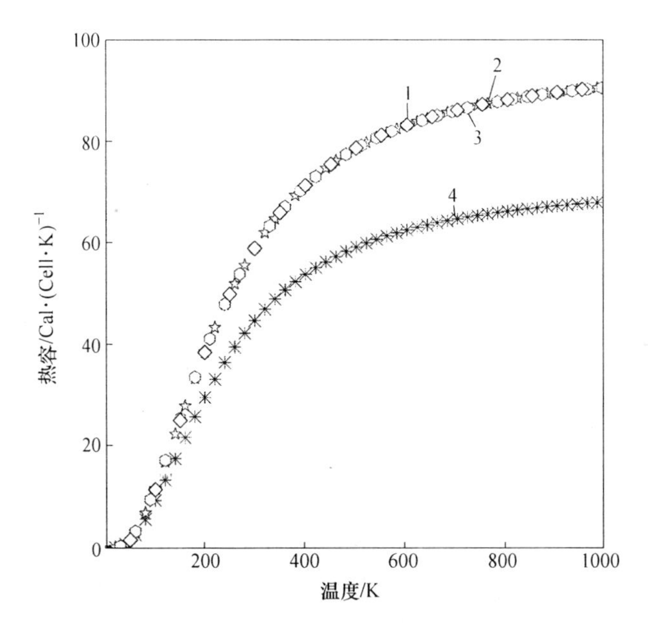

图 3-7 计算所得新型 AlN 正交相的定容比热容 C_V与温度 T 之间的关系

1—Pmn2_1-AlN；2—Pbam-AlN；3—Pbca-AlN；4—Cmcm-AlN

3.7.4 德拜温度

德拜温度在评估材料热学性质好坏以及预测材料应用领域中发挥重要的作用。德拜温度 Θ_D 可以从低温范围内定容比热容测量中得以精确确定。因此，德拜温度 Θ_D 在特定温度 T 下的具体数值，可由第 2 章式（2-18）中计算定容比热容 C_V，然后代入式（2-19）中，求出德拜温度 Θ_D。

模拟了 AlN 的 4 种正交晶系结构的德拜温度 Θ_D，其随温度 T 的关系如图 3-8

所示。分析四者在室温及以上情况的德拜温度 Θ_D，发现 4 种正交晶系 AlN 相的 Θ_D 均趋近于特定的极限值，对于 $Pmn2_1$-AlN、Pbam-AlN、Pbca-AlN 和 Cmcm-AlN，其在高温（1000 K）下德拜温度 Θ_D 的模拟极限值分别为 1024. 34 K、1023. 99 K、1028. 36 K 和 1017. 88 K。

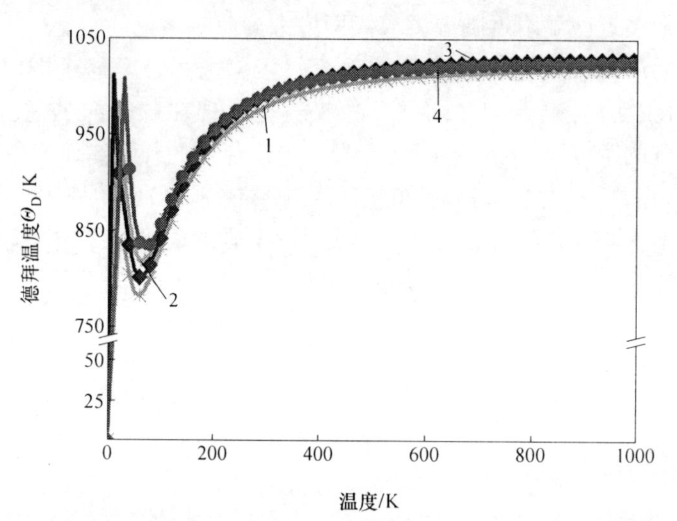

图 3-8 计算所得新型 AlN 正交相的德拜温度 Θ_D 与温度 T 之间的关系

1—Cmcm-AlN；2—Pbam-AlN；3—Pbca-AlN；4—$Pmn2_1$-AlN

3. 8 电学性质

3. 8. 1 室压电学性质

首先，基于 GGA-PBE 计算 4 种 AlN 正交结构在室压下整个布里渊区的电子能带，如图 3-9 所示。$Pmn2_1$-AlN、Pbam-AlN、Pbca-AlN 和 Cmcm-AlN 4 种正交结构 AlN 的导带最低点和价带最高点都落在高对称点 G 上，导带和价带没有出现穿越费米面交叠的现象，表明它们都是直接带隙的半导体，其中 Pbam-AlN 带隙最大、Cmcm-AlN 带隙最小，$Pmn2_1$-AlN、Pbam-AlN、Pbca-AlN 和 Cmcm-AlN 4 种结构的带隙宽度分别为 3. 889 eV、3. 927 eV、3. 855 eV 和 3. 627 eV。由于具有宽的直接带隙，这 4 种新结构 AlN 未来可能被用作半导体器件和光电子器件。

考虑到基于 GGA-PBE 算法所得电学性质存在低估带隙的现象，采用更加精确且耗时的杂化泛函 HSE06 计算了 4 种新型正交晶系 AlN 相的电子能带结构及其对应的分波态密度。如图 3-10 所示，基于 HSE06 算法的研究证实了 4 种新型正交晶系 AlN 相都具有宽带隙（带隙宽度均大于 5 eV）和直接带隙（导带最低点和价带最高点均位于高对称点 G）的特点，其中带隙按降序排列：Pbam-AlN(5. 865 eV)>$Pmn2_1$-AlN(5. 789 eV)>Pbca-AlN(5. 695 eV)>Cmcm-AlN(5. 325 eV)。

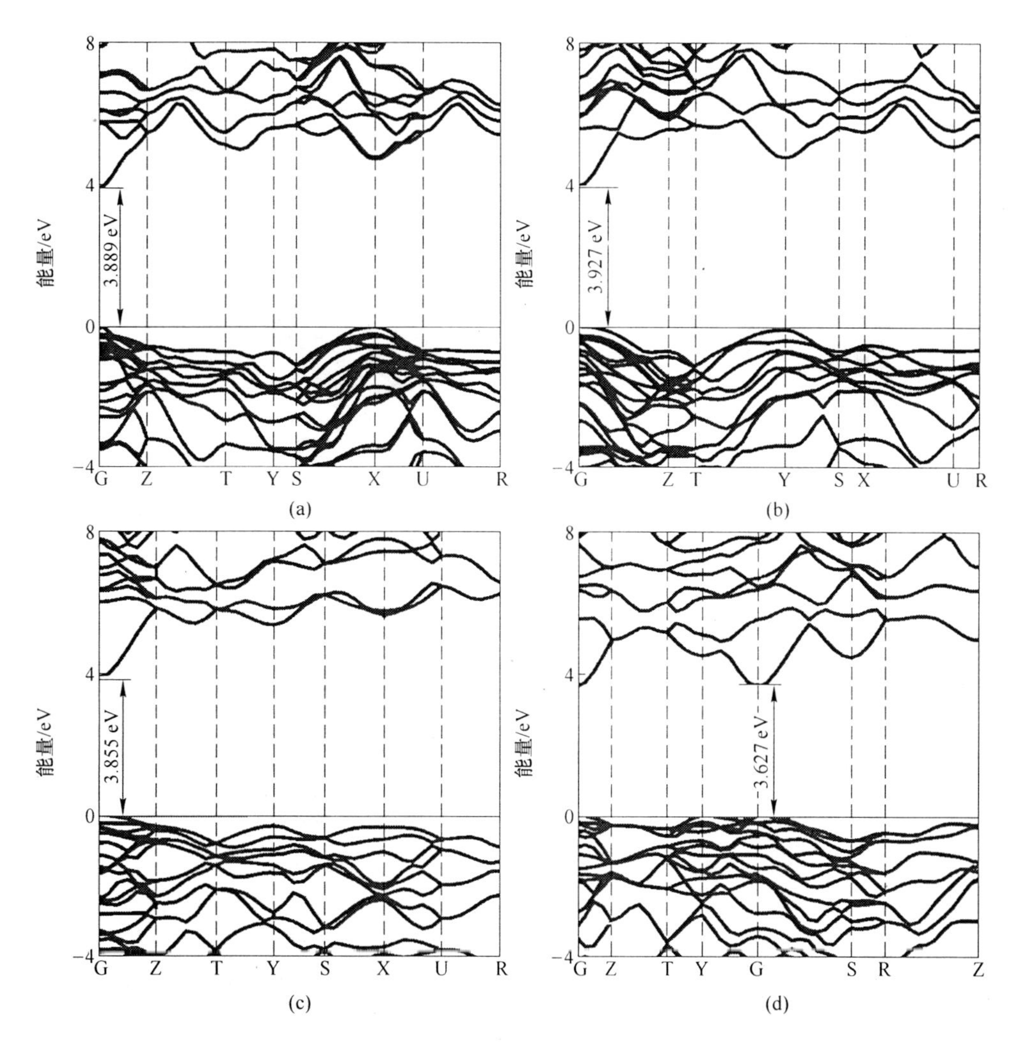

图 3-9 基于 GGA-PBE 算法所得 AlN 正交相室压下的能带结构图（图中黑色水平线代表费米能级）

（a）$Pmn2_1$-AlN；（b）Pbam-AlN；（c）Pbca-AlN；（d）Cmcm-AlN

3.8.2 压力对电学性质的影响

通常，高压作用下原子间的间隙变小，电子重叠度加强，此时电子不再属于单独的原子/键，而是变成“离域电子”，导致高压下该凝聚态物质的带隙减小，乃至金属化。根据经典能带理论可以理解为：高压作用导致晶格参数变小、布里渊区变大、能带变宽，进而带隙减小。带隙减小乃至金属化的典型例子就是金属氢[47]。此外，高压下电子伴随着反键态和成键态的形成亦可能局域化，导致价

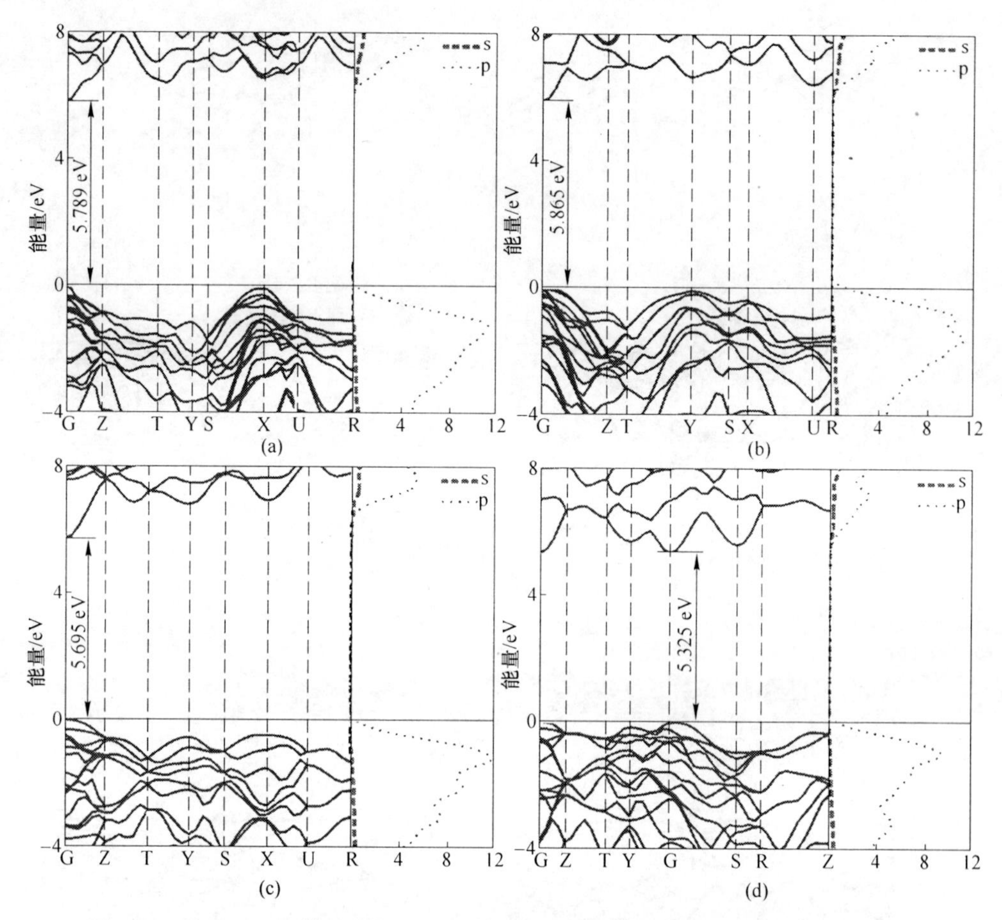

图 3-10　基于 HSE06 算法所得 AlN 正交相室压下的电子能带结构图（左侧）及其分波态密度图（右侧）（图中黑色水平线代表费米能级）

（a）$Pmn2_1$-AlN；（b）Pbam-AlN；（c）Pbca-AlN；（d）Cmcm-AlN

带能量进一步降低，而导带能量继续升高，此时出现带隙增大的现象。带隙增大的一个典型例子就是绝缘钠[48]。

考虑到高压影响凝聚态物质的物理性质，因而研究压力对 4 种新型 AlN 正交相电学性质的影响具有重要意义。基于杂化泛函的计算需要昂贵的计算资源，因此采用仅 GGA-PBE 算法来研究压力对其电学性质的影响规律，以期为未来 4 种 AlN 正交相的应用提供指导意义。图 3-11 给出了 4 种 AlN 正交相的带隙值在 0～20 GPa压力范围（采样间隔 2 GPa）的关系。如图 3-11 所示，在所研究压力范围内，$Pmn2_1$-AlN、Pbam-AlN、Pbca-AlN、Cmcm-AlN 4 种正交结构 AlN 的带隙受压力影响均呈现出正相关的变化。在整个升压过程中，四者的带隙宽度大小关系依旧保持：Pbam-AlN>$Pmn2_1$-AlN>Pbca-AlN>Cmcm-AlN，其在 20 GPa 高压时带隙（按大小顺序）分别为 4.573 eV、4.527 eV、4.430 eV 和 4.231 eV，其带隙增长斜率分别为 32.30 meV/GPa、31.90 meV/GPa、28.75 meV/GPa 和 30.20 meV/GPa。

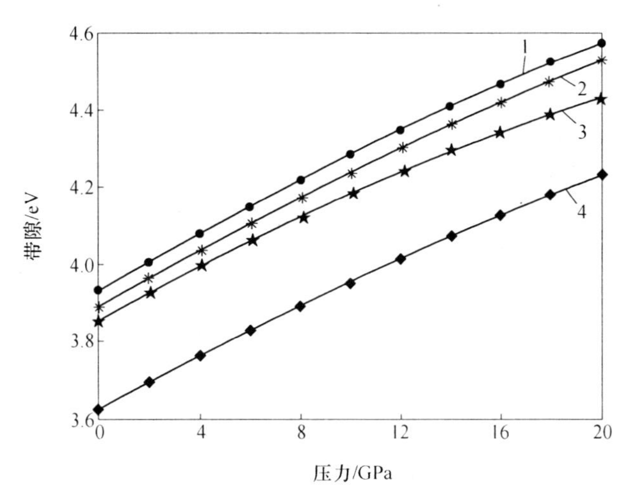

图 3-11 基于 GGA 算法所得 AlN 正交相的带隙-压力关系图

1—Pbam-AlN；2—$Pmn2_1$-AlN；3—Pbca-AlN；4—Cmcm-AlN

3.9 本章小结

通过进化的方法，提出了 4 种正交晶系的 AlN 新结构。基于第一性原理计算，发现这 4 种结构（$Pmn2_1$-AlN、Pbam-AlN、Pbca-AlN 和 Cmcm-AlN）室压下的焓值都比 rs-AlN 的焓值低。计算的独立弹性常数和声子散射谱进一步证明了它们的弹性力学稳定性和动力学稳定性。这 4 种结构可能通过高压下调节 AlN 泄压速率来获得。基于经验公式，计算发现 4 种结构都具有较高的维氏硬度值(13.2~15.2 GPa)。电子能带结构的计算表明它们都是直接带隙半导体。由于具有优越的力学性质和可调节的带隙，这些 AlN 新结构可能在工业应用中具有潜在价值。

参 考 文 献

[1] Wang Y C, Lv J A, Zhu L, et al. Crystal structure prediction via particle-swarm optimization [J]. Phys. Rev. B, 2010, 82: 094116.

[2] Wang Y C, Lv J A, Zhu L, et al. CALYPSO: A method for crystal structure prediction [J]. Comput. Phys. Commun., 2012, 183: 2063-2070.

[3] Wang H, Wang Y C, Lv J A, et al. CALYPSO structure prediction method and its wide applica-

tion [J]. Comput. Mater. Sci., 2016, 112: 406-415.

[4] Kresse G, Hafner J. Ab initio molecular dynamics for liquid metals [J]. Phys. Rev. B, 1993, 47: 558-561.

[5] Kresse G, Joubert D. From ultrasoft pseudopotentials to the projector augmented wave method [J]. Phys. Rev. B, 1999, 59: 1758-1775.

[6] Clark S J, Segall M D, Pickard C J, et al. First principles methods using CASTEP [J]. Z. Kristallogr., 2005, 220: 567-570.

[7] Segall M D, Lindan P J D, Probert M J, et al. First-principles simulation: ideas, illustrations and the CASTEP code [J]. J. Phys.: Condens. Matter, 2002, 14: 2717-2744.

[8] Vanderbilt D. Soft self-consistent pseudopotentials in a generalized eigenvalue formalism [J]. Phys. Rev. B: Condens. Matter, 1990, 41: 7892-7895.

[9] Monkhorst H J, Pack J D. Special points for Brillouin-zone integrations [J]. Phys. Rev. B, 1976, 13: 5188-5192.

[10] Baroni S, Giannozzi P, Testa A. Green's-function approach to linear response in solids [J]. Phys. Rev. Lett., 1987, 58: 1861-1864.

[11] Ackland G J, Warren M C, Clark S J. Practical methods in ab initio lattice dynamics [J]. J. Phys.: Condens. Matter, 1997, 9: 7861-7872.

[12] Baroni S, de Gironcoli S, Dal Corso A, et al. Phonons and related crystal properties from density-functional perturbation theory [J]. Rev. Mod. Phys., 2001, 73: 515-562.

[13] Nye J F. Physical properties of crystals: their representation by tensors and matrices [M]. Oxford University Press, 1985.

[14] Wu Z, Zhao E, Xiang H, et al. Crystal structures and elastic properties of superhard IrN_2 and IrN_3 from first principles [J]. Phys. Rev. B, 2007, 76: 054101-054115.

[15] Mouhat F, Coudert F. Necessary and sufficient elastic stability conditions in various crystal systems [J]. Phys. Rev. B, 2014, 90: 224104.

[16] VOLLSTÄDT H, ITO E, AKAISHI M, et al. High pressure synthesis of rocksalt type of AlN [J]. Proc. Jpn. Acad.: B, 1990, 66: 7-9.

[17] Xia Q, Xia H, Ruoff A L. Pressure-induced rocksalt phase of aluminum nitride: A metastable structure at ambient condition [J]. J. Appl. Phys., 1993, 73: 8198-8200.

[18] Gorczyca I, Christensen N, Perlin P, et al. High pressure phase transition in aluminium nitride [J]. Solid State Commun., 1991, 79: 1033-1034.

[19] Wang Z, Tait K, Zhao Y, et al. Size-induced reduction of transition pressure and enhancement of bulk modulus of AlN nanocrystals [J]. J. Phys. Chem. B, 2004, 108: 11506-11508.

[20] Durandurdu M. Pressure-induced phase transition in AlN: An ab initio molecular dynamics study [J]. J. Alloy. Compd., 2009, 480: 917-921.

[21] Peng F, Chen D, Fu H Z, et al. The phase transition and the elastic and thermodynamic properties of AlN: First principles [J]. Phys. B: Condens. Matter, 2008, 403: 4259-4263.

[22] Louhibi-Fasla S, Achour H, Kefif K, et al. First-principles study of high-pressure phases of AlN

[J]. Phys. Procedia, 2014, 55: 324-328.

[23] Crain J, Ackland G, Maclean J, et al. Reversible pressure-induced structural transitions between metastable phases of silicon [J]. Phys. Rev. B, 1994, 50: 13043-13046.

[24] Menoni C S, Hu J Z, Spain I L. Germanium at high pressures [J]. Phys. Rev. B, 1986, 34: 362-368.

[25] Zhao Y X, Buehler F, Sites J R, et al. New metastable phases of silicon [J]. Solid State Commun., 1986, 59: 679-682.

[26] Nelmes R, McMahon M, Wright N, et al. Stability and crystal structure of BC8 germanium [J]. Phys. Rev. B, 1993, 48: 9883-9886.

[27] Birch F. The effect of pressure upon the elastic parameters of isotropic solids, according to Murnaghan's theory of finite strain [J]. J. Appl. Phys., 1938, 9: 279-288.

[28] Watt J P. Hashin - Shtrikman bounds on the effective elastic moduli of polycrystals with monoclinic symmetry [J]. J. Appl. Phys., 1980, 50: 6290-6295.

[29] Hill R. The elastic behaviour of a crystalline aggregate [J]. Proc. Phys. Soc. A, 1952, 65: 349-354.

[30] Chen X Q, Niu H Y, Li D Z, et al. Modeling hardness of polycrystalline materials and bulk metallic glasses [J]. Intermetallics, 2011, 19: 1275-1281.

[31] Léger J M, Haines J. The search for superhard materials [J]. Endeavour, 1997, 21: 121-124.

[32] Teter D M. Computational alchemy: the search for new superhard materials [J]. MRS Bull., 1998, 23: 22-27.

[33] Gao F, He J, Wu E, et al. Hardness of covalent crystals [J]. Phys. Rev. Lett., 2003, 91: 015502.

[34] Tian Y J, Xu B, Zhao Z S. Microscopic theory of hardness and design of novel superhard crystals [J]. Int. J. Refract. Met. H., 2012, 33: 93-106.

[35] Simunek A, Vackar J. Hardness of covalent and ionic crystals: first-principle calculations [J]. Phys. Rev. Lett., 2006, 96: 085501.

[36] Li K, Wang X, Xue D. Electronegativities of elements in covalent crystals [J]. J. Phys. Chem. A, 2008, 112: 7894-7897.

[37] Li K, Wang X, Zhang F, et al. Electronegativity identification of novel superhard materials [J]. Phys. Rev. Lett., 2008, 100: 235504.

[38] Li K, Xue D. Hardness of materials: studies at levels from atoms to crystals [J]. Chin. Sci. Bull., 2009, 54: 131-136.

[39] He J, Guo L, Guo X, et al. Predicting hardness of dense C_3N_4 polymorphs [J]. Appl. Phys. Lett., 2006, 88: 101903-101906.

[40] He J, Guo L, Yu D, et al. Hardness of cubic spinel Si_3N_4 [J]. Appl. Phys. Lett., 2004, 85: 5571-5573.

[41] Guo X J, Li L, Liu Z Y, et al. Hardness of covalent compounds: Roles of metallic component and d valence electrons [J]. J. Appl. Phys., 2008, 104: 023503.

[42] Yonenaga I, Shima T, Sluiter M H. Nano-Indentation hardness and elastic moduli of bulk single-crystal AlN [J]. J. Appl. Phys., 2002, 41: 4620-4621.

[43] Yonenaga I, Nikolaev A, Melnik Y, et al. MRS Proceedings, Cambridge Univ. Press, 2001, pp. I10. 14. 11.

[44] Simunek A, Vackar J. Hardness of covalent and ionic crystals: first-principle calculations [J]. Phys. Rev. Lett., 2006, 96: 085501.

[45] Schwarz M, Antlauf M, Schmerler S, et al. Formation and properties of rocksalt-type AlN and implications for high pressure phase relations in the system Si-Al-O-N [J]. High Pressure Res., 2013, 34: 1-17.

[46] Baroni S, Gironcoli S D, Corso A D, et al. Phonons and related properties of extended systems from density-functional perturbation theory [J]. Physics, 2000, 73: 515-562.

[47] Dias R P, Silvera I F. Observation of the Wigner-Huntington transition to metallic hydrogen [J]. Science, 2017, 355: 715-718.

[48] Ma Y, Eremets M, Oganov A R, et al. Transparent dense sodium [J]. Nature, 2009, 458: 182-185.

4 AlN 立方亚稳相的第一性原理研究

4.1 概述

氮化铝 AlN 因其在学术研究和工业应用上的重要性而被广泛研究分析，成为理论分析和实验研究的热点领域之一。氮化铝具有宽带隙半导体特性[1]，因而在光子波导[2,3]、光电探测器[4,5]、声波器件[6]、发光二极管[7]等深紫外光电器件中的广泛应用，引起了科研人员的广泛关注。2006 年就有研究报道了一种波长为 210 nm 的 AlN 发光二极管[7]。AlN 具有良好的硬度[8,9]、大的体积模量[10,11]和高的熔点[12]等物理性质，因此其在切削和加工等工业应用中也起着重要的作用。从 20 世纪 80 年代中期开始，AlN 因其较高的导热系数[13,14]和较高的电绝缘陶瓷热稳定性[15]而在微电子领域有了潜在的应用前景。

此外由于 AlN 良好的压电特性，学术界已经进行了多项将其应用于具有压电特性的微机电系统的研究[16~18]。例如，外延生长的 AlN 薄膜晶体被用作硅晶圆上的表面声波传感器和手机上的薄膜体声谐振器。AlN 还被用于构建压电微机械超声换能器，它可以接收和发射超声波[19]。

在室温室压条件下，AlN 稳定相以纤锌矿结构（wz-AlN）存在。wz-AlN 在 14.5 GPa[20]的压力下转变为岩盐矿结构的 AlN 高压相（rs-AlN）。此外，Petrov 等人采用固相反应合成了具有闪锌矿结构的 AlN 亚稳相（zs-AlN）[21]。同时，基于密度泛函理论为主的第一性原理研究也在分析 wz-AlN、zb-AlN 和 rs-AlN 的结构属性、高压相变机理、力学性质和介电性质以及声子色散等方面取得了实质性进展[22~25]。此外，Tondare、Balasubramanian、Renato 等学者还研究了新的 AlN 系统（如零维、二维等低维度 AlN 系统，以及相应的结构形成）[26~29]。实验上吴强等人合成并表征了平面六边形氮化铝（h-AlN）纳米管[30]，Rounaghi 和 Caballero 等人分别通过机械化学路径[31]或者固相-气相直接反应[32]合成了纳米结构 AlN。

材料的物理性质与其结构密切相关[33~37]。除了对 wz-AlN、zb-AlN 和 rs-AlN 这些实验已知相的结构和性质的研究外，对 AlN 多相性的研究还在继续并有待深入。基于粒子群优化算法 CALYPSO，Liu 等人经过大量的研究和反复验证，提出了 4 个正交 AlN 相，并证明了它们的动力学稳定性[38]。同时 Yang 等人采用密度泛函理论详细研究了新型正交晶系 AlN 相的力学、电学、光学等性质[39]。Yang 等人[39]用 Al 原子取代 bct-BN 和 h-BN 中的所有 B 原子，得到了 bct-AlN 和 h-AlN，并系统地研究了 bct-AlN 和 h-AlN 的相稳定性、化学键合、力学性质和电学性质。此外，已有多个笼型 AlN 团簇被 Costales 等人提出[40~42]，其中 Wang 等人研究证实类富勒烯的笼型 AlN 结构可作为新型储氢材料[42]。

在目前的工作中，广泛地探索了 AlN 的候选晶体结构，并预测了 4 种立方 AlN 相。通过声子色散曲线和独立的弹性常数证明了这些结构的稳定性。通过计算，研究了 4 种立方氮化铝相的力学、电子和热力学性质。此外，还对其力学性能的各向异性进行了详细的分析。

4.2　计算方法

4.2.1　结构模型

CALYPSO（Crystal structure AnaLYsis by Particle Swarm Optimization）[43~45]是马琰铭教授课题组开发的基于密度泛函理论的新一代结构搜索软件，也是近年来非常流行的一种高效的晶体结构预测软件。因马琰铭教授在量子力学材料和分子模拟领域取得突出成绩，荣获了意大利国际理论物理中心和 Quantum ESPRESSO 基金会的首届沃特-科恩奖。CALYPSO 吸纳了粒子群优化算法结构演变的优点并进化提高了结构预测的效率，可以寻找某体系化合物的基态及亚稳态的结构，在计算的过程中仅需要设定材料的化学式和外界条件，是一种非经验的晶体结构预测方法。该方法成功地预测了不同体系特别是轻元素物质体系如氮化物的多相性。因此此研究中采用基于粒子群优化算法的晶体结构预测程序 CALYPSO[44~46]对 AlN 进行大体积地变胞结构搜索。

4.2.2　计算参数

几何优化、弹性常数参数和声子的稳定性分析，以及力学、热学、光学和电学等性质都在剑桥大学开发的量子力学计算程序 CASTEP [47]中实现。这里交换关联式采用广义梯度近似（GGA，Generalised Gradient Approximation）的 PBE（Perdew Burke Ernzerhof）函数[48]。超软赝势（USPP，Ultrasoft Pseudopotential）被用来描述 Al 和 N 元素的电子结构[49]。特定外界压力条件下的几何结构优化是以单胞为模型，采用一种能快速获取低能量状态的算法（BFGS，Broyden Fletcher Goldfarband Shanno）来优化[50]。为了保证整个计算过程中体系总能量的收敛精度达到 1 meV，平面波截断能采用 500 eV，布里渊区采样网格采用 $2\pi \times 0.04$ Å^{-1}来划分[51]。

在单胞为模型的基础上，采用应力-应变法计算弹性常数。为了保证得到的结构是动态稳定的，采用线性响应方法[52]研究了原胞在整个第一布里渊区的声子色散图谱。同时采用密度混合法[53]进行电子最小化处理，并在原胞模型上计算电子能带结构和分波态密度（PDOS）。鉴于广义梯度近似法和局部密度近似法一直严重低估带隙[54]，因此采用了 Heyd-Scuseria-Ernzerhof 杂化泛函（HSE06）[55]在原胞模型上进行精确的电学性质分析。

此外，基于声子计算和准谐近似来评估并预测 AlN 晶体的某些热力学函数的温度依赖性，包括熵 S、自由能 G、内能 U 和等体积比热 C_V。

4.3 晶体结构及布里渊区

4.3.1 晶体结构

通过对大量潜在结构的筛选计算，除了 wz-AlN、zb-AlN 和 rs-AlN 3 种实验相和已报道结构外，成功预测出 AlN 的 4 种新型结构，它们都是立方晶系结构，结构如图 4-1 所示。

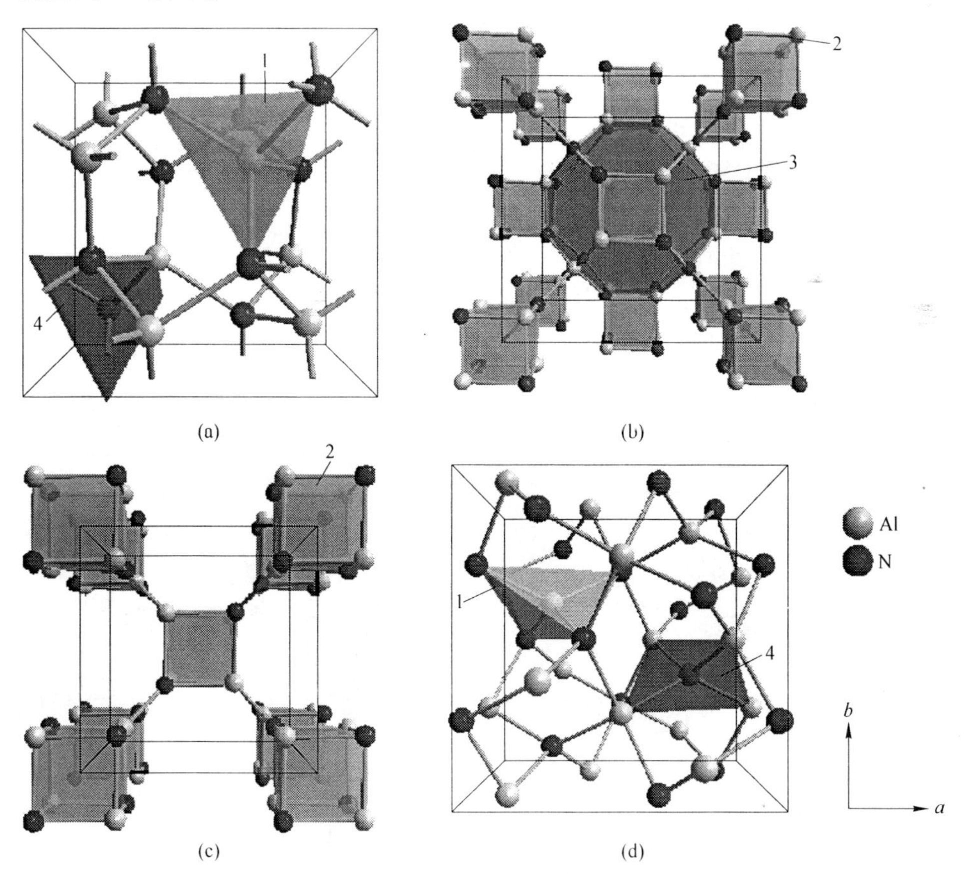

图 4-1 室压下 4 种新型 AlN 立方相的结构透视图

（a）cP16-AlN；（b）cF40-AlN；（c）cI16-AlN；（d）cI24-AlN

（1）第一个结构是具有简单原心对称（primitive-centred）（0，0，0）的空间群 $Pa\bar{3}$结构，单胞含 8 倍 AlN 分子式（即 16 个原子），因此根据皮尔逊命名法，记为 cP16-AlN（见图 4-1（a））。在 cP16-AlN 中，所有原子均有 4 个配位原子，它们与中心原子形成［AlN_4］/［NAl_4］四面体。这些［AlN_4］四面体在图 4-1（a）中标为 1，都是由 3 条长度为 3. 363 Å 的长线和 3 条长度为 2. 948 Å 的短线围成。其中与 3. 363 Å 长线对应的角度∠N-Al-N 为 116. 280°，而与 2. 948 Å 短线对应的角度∠N-Al-N 则仅有 101. 265°。至于［NAl_4］四面体，在图 4-1（a）中以蓝色标识（数字编号为 4），是由 3 条 3. 383 Å 的长线和 3 条长度为 2. 909 Å 的短线构成，相较于［AlN_4］的长线更长而短线更短。其中长线对应角度∠Al-N-Al为 117. 368°，短线对应的角度∠Al-N-Al 为 99. 433°。

（2）第二个新型结构具有面心对称，空间群为 $F\bar{4}3m$，其中单胞含有 20 倍 AlN 分子式，因此将其命名为 cF40-AlN（见图 4-1（b））。如图 4-1（b）结构中 2 所示，在 cF40-AlN 结构中存在 14 个［Al_4N_4］立方笼，包括 8 个占据顶点（0，0，0）位置的［Al_4N_4］和 6 个占据面心（0. 5，0，0. 5）位置的［Al_4N_4］，这里分别命名为 o 型笼和 f 型笼。根据原子占位及贡献率可知，每个 o 型笼贡献给一个 cF40-AlN 单胞结构的只有 1/8，而每个 f 型笼贡献给 cF40-AlN 单胞结构的达 1/2。所有［Al_4N_4］立方笼都是由 Al/N 原子与 3 个其他［Al_4N_4］立方笼相连，而中心的 Al（或 N）原子分别与相连 4 个［Al_4N_4］立方笼上的 N（或 Al）原子形成［AlN_4］（或［NAl_4］）四面体。此外，cF40-AlN 结构中存在一个巨大的空心笼型，如图 4-1（b）cF40-AlN 结构中 3 所示，它由 6 个四元环和 12 个六元环组成。

（3）第三个新结构具有 $I\bar{4}3m$ 空间群，整个结构是体心中心对称，结构中含有 16 个原子，因此记为 cI16-AlN（见图 4-1（c））。与 cF4-AlN 结构相似，cI16-AlN 结构中也存在 9 个［Al_4N_4］立方笼（图 4-1（c）中 2 标识），其中 8 个占据顶点（0，0，0）位置的［Al_4N_4］立方笼贡献 1/8，而占据体心（0. 5，0. 5，0. 5）位置的［Al_4N_4］立方笼完全贡献给 cI16-AlN 单胞。顶点位置的［Al_4N_4］立方笼与体心位置的［Al_4N_4］立方笼通过 Al—N 化学键连接。

（4）最后一个结构依旧为体心中心对称结构，然而它的空间群为 $I\bar{4}3d$，整个单胞结构含有 24 个原子，因此命名为 cI24-AlN（见图 4-1（d））。在 cI24-AlN，所有的原子都是 4 配位关系，彼此形成［AlN_4］/［NAl_4］四面体，如图 4-1（d）所示，1 代表［AlN_4］四面体，编号 4 代表［NAl_4］四面体。两种四面体都是由 3 条长度为 3. 519 Å 的长线和 3 条长度为 2. 944 Å 的短线构成，其中长线对应的角度为 131. 810°，短线对应的角度则为 99. 594°。

有关 4 种新型立方晶系 AlN 相的更多结构信息如晶格参数 a、密度 ρ、原子占位坐标等，见表4-1。此外，为了方便比较，wz-AlN 和 rs-AlN 的结构信息也列在表4-1中。研究发现，室压下 cP16-AlN 和 cI24-AlN 的密度均比 wz-AlN 的密度略大，但均比 AlN 的高压相 rs-AlN 的密度要小。至于 cF40-AlN 和 cI16-AlN，笼型导致二者密度均低于 AlN 室压相 wz-AlN，尤其 cF40-AlN 密度最低。

表4-1　4种新型 AlN 立方相和 wz-AlN、rs-AlN 的结构信息

类型	晶格参数（C. P. ）/Å	密度 ρ/g · cm^{-3}	原子占位坐标（A. W. P. ）
cP16-AlN	a=5.461	3.3436	Al：8c（0.342，0.342，0.342） N：8c（0.148，0.148，0.148）
cF40-AlN	a=8.193	2.4757	Al：16e（−0.114，−0.114，0.114）； 4d（−0.25，−0.75，0.75） N：16e（−0.880，−0.880，0.880）； 4c（−0.25，0.25，0.75）
cI16-AlN	a=5.949	2.5866	Al：8c（0.341，−0.341，−0.341）； N：8c（0.165，−0.165，−0.165）
cI24-AlN	a=6.295	3.2740	Al：12a（0，−0.75，0.375）； N：12b（−0.5，−0.25，0.375）
rs-AlN	a=4.032	4.039[38]	Al：4a（0，0，0）；N：4b（0.5，0.5，0.5）
wz-AlN	a=3.125 c=5.008	3.214[38]	Al：2b（0.333，0.667，0.001）； N：2b（0.333，0.667，0.381）

4.3.2　布里渊区

晶体的倒易空间由其自身结构决定，此次研究中提出的4种新型 AlN 立方相结构分为3类：（1）简单原心立方晶系，也即原始立方结构，如 cP16-AlN，其原胞与单胞等同，倒易空间为立方体，如图4-2（a）所示，3条细线（$g1$、$g2$ 和 $g3$）代表倒易空间3个基矢，其中 $g1$、$g2$ 和 $g3$ 三者相互垂直，图中粗线所构成区域即为其布里渊区，其路径为 X(1/2，0，0）→R(1/2，1/2，1/2）→M(1/2，1/2，0）→G(0，0，0）→R(1/2，1/2，1/2)；（2）面心立方晶系，如 cF40-AlN，其原胞的空间大小和所含原子数均为单胞的1/4，因此后续计算采用其原胞为模型来提高运行效率。cF40-AlN 原胞的倒易空间均为由8个正六边形和6个正方形围成的空间几何构型，分别如图4-2（b）所示，3条细长线（$g1$、$g2$ 和 $g3$）代表倒易空间3个基矢，其中 $g1$、$g2$ 和 $g3$ 三者两两夹角为120°，图中粗线所构成区域即为其布里渊区，其路径为 W(1/2，1/4，3/4)→L(1/2，1/2，1/2)→G(0，0，0)→X(1/2，0，1/2)→W(1/2，1/4，3/4)→K(3/8，3/8，3/4)；（3）体心立方晶系，如 cI16-AlN 和 cI24-AlN，二者原胞的空间大小和所含原子数均为其对应单胞的 1/2。cI16-AlN 和 cI24-AlN 二者原胞的倒易空间和路径均相同，倒易空间均为由 12 个菱形围成的菱形十二面体，分别如图 4-2（c）和（d）所示，3 条细长线（$g1$、$g2$ 和 $g3$）代表倒易空间 3 个基矢，其中 $g1$、$g2$ 和 $g3$ 三者两两夹角相同，均约 70°32′，图中粗线所构成区域即为其布里渊区，其路径为 $G(0, 0, 0) \rightarrow H(1/2, 1/2, 1/2) \rightarrow N(0, 0, 1/2) \rightarrow P(1/4, 1/4, 1/4) \rightarrow G(0, 0, 0) \rightarrow N(0, 0, 1/2)$。

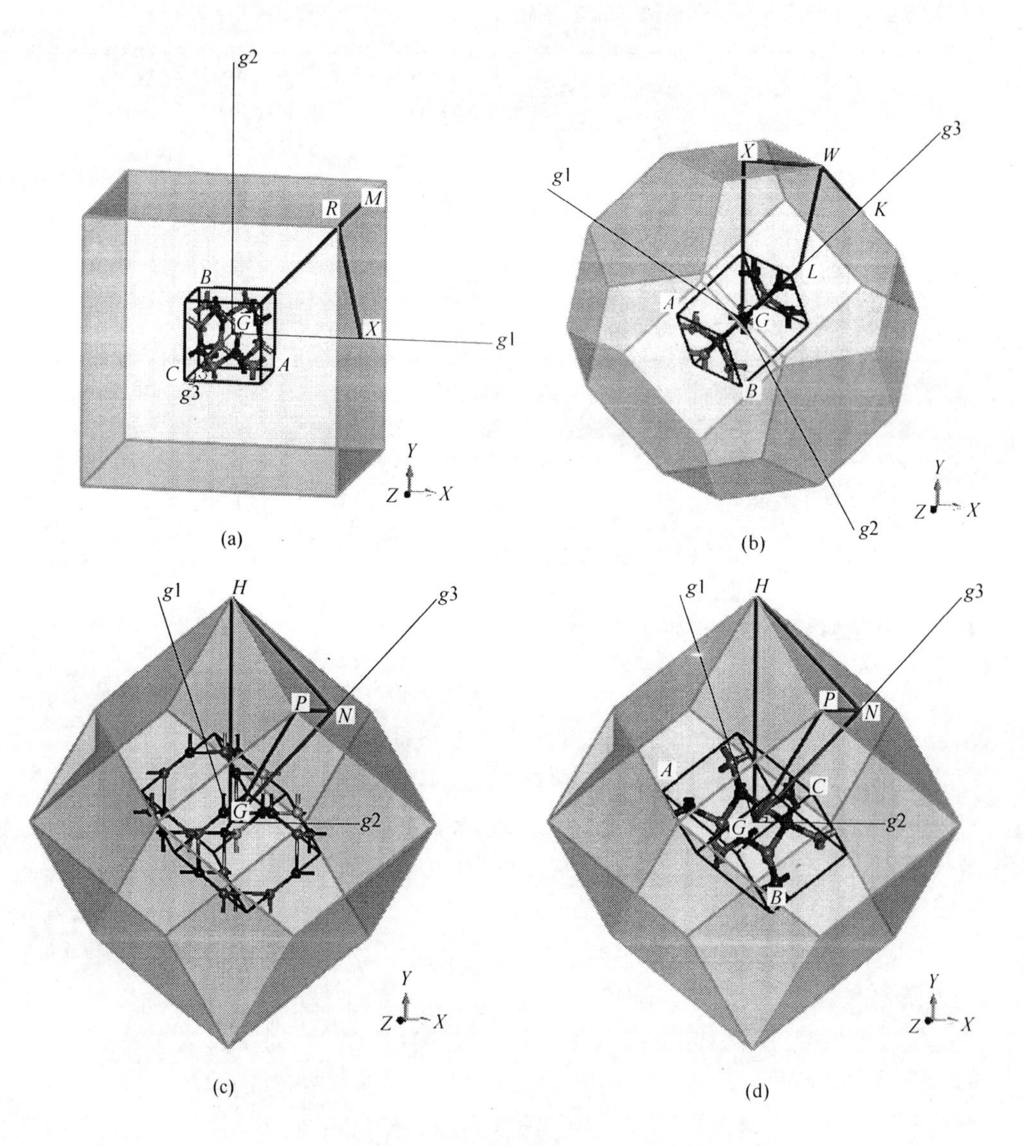

图 4-2　4 种立方晶系 AlN 结构原胞的倒易空间和布里渊区

（a）cP16-AlN；（b）cF40-AlN；（c）cI16-AlN；（d）cI24-AlN

4.4 稳定性分析

4.4.1 热力学稳定性

众所周知，吉布斯自由能 G 和焓 H 满足 $G=H-T\times S$ 热力学关系，其中 T 为温度，S 为熵。当温度为 0 K 时，自由能 G 等价于焓 H。在基态下，计算了 4 种新型立方 AlN 相的焓值，并与一些典型的 AlN 结构（包括低压相 wz-AlN、亚稳相 zb-AlN、高压相 rs-AlN 和氮化铝（4，4）纳米管，缩写为（4，4）NT[56]）、4 种 AlN 正交晶系结构[38]和带笼型的 AlN 簇[40,41]进行了比较。

为了便于观察和比较，只选取了 wz-AlN、（4，4）NT-AlN 和 $(AlN)_{16}$ 簇的结构作为晶体结构、纳米管和团簇的结构代表，如图 4-3 所示，并加入了 4 个新型 AlN 立方相。图 4-3 中长虚线和短虚线分别代表 zb-AlN 和 rs-AlN。所有典型 AlN 结构的焓值均基于密度泛函理论计算，并列在表 4-2 中。

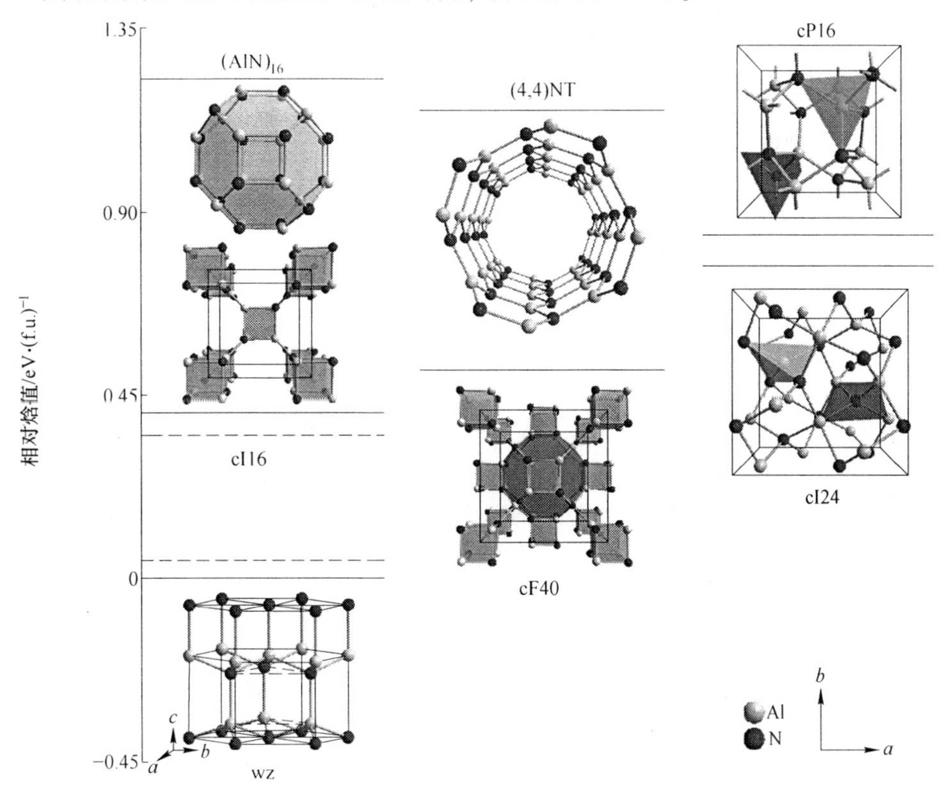

图 4-3 在室压力下计算了各种 AlN 相的焓（相对于纤锌矿结构 AlN，即 wz-AlN）
（除 wz-AlN 外其他相的结构以 c 轴为中心投影视图，如右下角坐标轴所示，
f. u. 为分子式的单元，NT 代表纳米管）

表 4-2　已知 AlN 相室压力下的相对焓值（相对于 wz-AlN）

类　型	相对焓值	类　型	相对焓值
cP16-AlN	0.839	$Pmn2_1$-AlN	0.048
cF40-AlN	0.505	Pbam-AlN	0.050
cI16-AlN	0.410	Pbca-AlN	0.077
cI24-AlN	0.765	Cmcm-AlN	0.204
rs-AlN	0.353	（4，4）NT-AlN	1.147
zb-AlN	0.044	$(AlN)_{16}$	1.290
wz-AlN	0	$(AlN)_{12}$	2.003

注：其中 4 个正交晶系的结构参考文献[38]，（4，4）NT 参考文献[56]，笼型结构（AlN）$_{16/12}$参考文献[57-59]。

如图 4-3 和表 4-2 所示，4 种正交晶系的自由能 G 均高于 AlN 的 3 种实验相，但是所有 4 种新型 AlN 立方相与（4，4）NT 和（AlN）$_{16}$笼基纳米材料相比，均具有明显的能量优势。同时 cI16-AlN 和 cF40-AlN 这两种具有笼型结构的立方相的自由能 G 相近，并接近于 rs-AlN，而 cP16-AlN 和 cI24-AlN 两者的自由能 G 也非常接近，这也和它们结构的相似性高度一致。

4.4.2　弹性力学稳定性

为了分析这 4 种立方氮化铝相的弹性力学稳定性，研究了四者的独立弹性常数（C_{ij}）。对于立方晶系结构，独立弹性常数必须满足式（4-1）所示的波恩弹性稳定性准则[60]。

$$C_{11} - C_{12} > 0,\ C_{11} + 2C_{12} > 0,\ C_{44} > 0 \tag{4-1}$$

4 种立方晶系 AlN 结构在室压下计算的 C_{ij}列于表 4-3 中。四者独立弹性常数 C_{ij}均满足式（4-1），说明 cP16-AlN、cF40-AlN、cI16-AlN、cI24-AlN 在室压下均具有弹性力学稳定性。

表 4-3　新型 AlN 立方相的独立弹性常数 C_{ij}　　（GPa）

类　型	独立弹性常数		
	C_{11}	C_{12}	C_{44}
cP16-AlN	367.6	81.2	102.2
cF40-AlN	213.3	95.6	97.1
cI16-AlN	201.8	120.3	107.8
cI24-AlN	276.8	147.3	156.0

4.4.3　动力学稳定性

为了分析这4种立方氮化铝相的动力学稳定性，分别研究了四者的声子散射谱及其声子态密度。基于线性响应方法计算得到的cP16-AlN、cF40-AlN、cI16-AlN和cI24-AlN的声子色散谱及其对应的声子态密度如图4-4所示。研究发现，整个布里渊区没有出现负频率，说明它们都是动力学稳定的。同时对比四者的最高声子振动频率ω_{max}发现，cP16-AlN和cI24-AlN两者具有相近的最高声子振动频率ω_{max}，约为24.6 THz，cF40-AlN和cI16-AlN两者也具有相近的最高声子振动频率ω_{max}，约为28.6 THz，且高于cP16-AlN和cI24-AlN两者的最高声子振动频率ω_{max}。

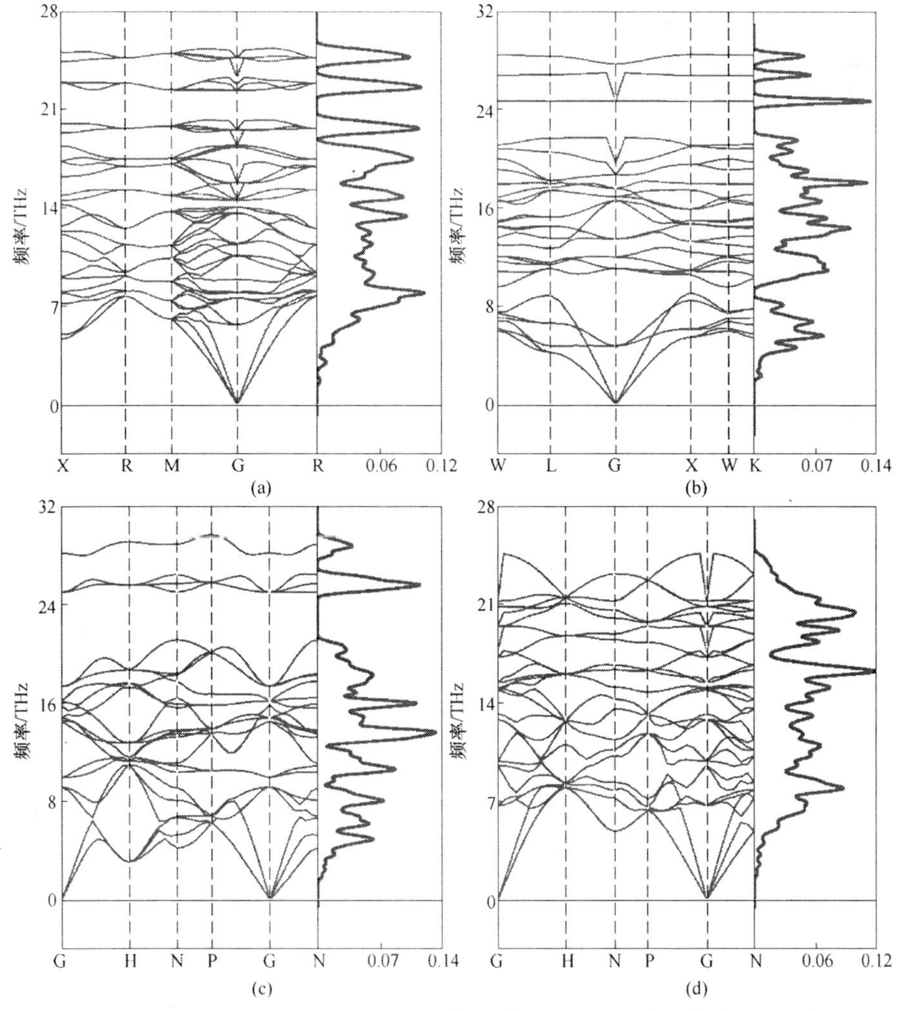

图4-4　4种新型氮化铝立方相的声子色散谱（左部）和声子态密度（右部）

（a）cP16-AlN；（b）cF40-AlN；（c）cI16-AlN；（d）cI24-AlN

4.5 力学性质

4.5.1 整体力学性质

对于立方晶系结构而言，体积模量（B）和剪切模量（G）的 Voigt 和 Reuss 值可基于第 2 章有关力学性质板块式（2-1）~式（2-3），通过由独立弹性常数（C_{ij}）[61]得到。根据 Voigt-Reuss-Hill 关系，Hill 值是 Voigt 值和 Reuss 值的算术平均值。杨氏模量（E）和泊松比（σ）从 Hill 形式的 B 和 G 得到，计算公式参见第 2 章式（2-9）。

计算所得 4 种新型立方 AlN 相的体积模量 B、剪切模量 G、杨氏模量 E 和泊松比 σ 均列在表 4-4 中。在 4 种立方 AlN 相中，与 cP16-AlN 和 cI24-AlN 致密结构相比，cF40-AlN 和 cI16-AlN 等空隙大、密度低的结构具有较低的 B、G、E 值。所有 4 个立方 AlN 泊松比值（σ）小于 0.333，表明它们都是脆性材料。与先前提出的 4 种正交晶系 AlN 结构相比，cP16-AlN 和 cI24-AlN 与 $Pmn2_1$-AlN 和 Pbam-AlN 均具有非常接近的力学性质，而 cF40-AlN 和 cI16-AlN 的力学性质如 B、G、E 均比 4 种正交晶系 AlN 结构低。

表 4-4 新型 AlN 立方相的力学性质及通用弹性各向异性指数数据表

类型	B/GPa	G/GPa	E/GPa	σ	G/B	HV/GPa	A^{μ}
cP16	176.69	117.03	287.59	0.229	0.662	17.03	0.138
cF40	134.85	79.43	199.18	0.254	0.589	10.92	0.308
cI16	147.49	73.10	179.82	0.297	0.495	7.83	1.231
cI24	190.45	109.66	276.01	0.258	0.576	13.37	0.988

硬度是材料的基本力学性质；因此，根据沈阳金属所陈星秋研究员等人提出的硬度模型[62]，参见第 2 章式（2-11），进一步分析了不同立方相的维氏硬度 HV。

基于陈星秋提出的公式计算所得的硬度 HV 值也列在表 4-4 中。在这 4 种立方氮化铝相中，cP16-AlN 的硬度最高（17.03 GPa），高于 4 种正交晶系 AlN 相，其次是 cI24-AlN，其硬度与 Pbca-AlN 和 Cmcm-AlN 相当。与 AlN 的 4 种正交相相比，cF40-AlN 和 cP16-AlN 的硬度较低，这可能与它们的结构中存在较大的孔隙有关。这 4 个立方相的硬度范围从 7.83 GPa（cI16-AlN）到 17.03 GPa（cP16-AlN），表明 AlN 化合物的硬度范围得到了扩展，这将会丰富 AlN 的工业应用。

材料力学性质的各向异性可以用方向依赖性来量化。材料的塑性变形、弹性失稳和裂纹等力学行为主要受弹性各向异性的影响。因此，系统地研究这 4 种立方氮化铝相的弹性各向异性具有重要的工业应用价值。

首先，采用通用弹性各向异性指数 A^{μ}[63] 来评估这 4 种新型 AlN 立方相的各向异性，具体计算方法参见式（2-10）。

对于各向同性结构而言，通用各向异性指数 A^{u}的值为 0。任何偏离 0 的值都表示存在由于体积模量或剪切模量贡献的各向异性，其中偏离程度越高代表各向异性越大。基于通用弹性各向异性指数公式计算所得到的 A^{μ}值见表 4-4，4 种立方 AlN 相均具有一定程度的各向异性。与正交晶系 AlN 结构相比，除 cP16-AlN 外，其他三种立方相的各向异性均显著高于 4 种正交相的各向异性。4 种立方氮化铝相的各向异性程度依次为：cI16-AlN > cI24-AlN > cF40-AlN > cP16-AlN。

4.5.2 力学性质方向性

接下来研究力学性质与方向的具体关系。对于立方体结构，任意［hkl］方向上杨氏模量与拉伸应力的关系可以表示为：

$$E^{-1} = S'_{11}(\theta, \varphi) = S_{11} - 2(S_{11} - S_{12} - 0.5S_{44})(\alpha^2\beta^2 + \beta^2\gamma^2 + \alpha^2\gamma^2) \quad (4\text{-}2)$$

式中，α、β 和 γ 都是拉伸应力方向的方向余弦，其中 $\alpha = \sin\theta\cos\varphi$，$\beta = \sin\theta\sin\varphi$，$\gamma = \cos\theta$。$S_{11}$、$S_{12}$ 和 S_{44} 是独立弹性柔顺系数，可以通过独立弹性常数 C_{ij}求得。

通过式（4-2）可知，不同方向上的杨氏模量的变化取决于（$\alpha^2\beta^2+\beta^2\gamma^2+\alpha^2\gamma^2$），而（$\alpha^2\beta^2+\beta^2\gamma^2+\alpha^2\gamma^2$）的最小值为 0，出现在［100］方向上；最大值为 1/3，出现在［111］方向上。因此，将杨氏模量 E 与方向的关系总结为以下 3 种情况：

（1）对于 $(S_{11} - S_{12} - 0.5S_{44}) > 0$，杨氏模量的最小值出现在［100］个方向上，而最大值出现在［111］个方向上。杨氏模量的三维模型表现为一个具有半球形顶角的立方体，该立方体在 6 个面心位置出现凹坑。

（2）对于 $(S_{11} - S_{12} - 0.5S_{44}) = 0$，杨氏模量为各向同性。杨氏模量的三维立体表达为标准球形。

（3）当 $(S_{11} - S_{12} - 0.5S_{44}) < 0$ 时，情况刚好与（1）相反。杨氏模量的最小值出现在［111］方向上，而最大值出现在［100］方向上。杨氏模量的三维立体模型表现为沿立方体轴有突起的球形。

此外，杨氏模量沿特定平面内拉伸轴的解析表达式，如（100）和（$1\bar{1}0$）拉伸面，也可以基于式（4-2）进一步简化，相应的简化表达式见表 4-5。其中 θ 是拉伸平面的主晶向和拉伸应力方向之间的夹角。杨氏模量 E 的方向依赖关系如图 4-5（a）所示。

表 4-5　在特定平面内的拉伸轴对应杨氏模量表达式

平面	$1/E$	定向角 θ
(100)	$S_{11} - 0.25(2S_{11} - 2S_{12} - S_{44})\sin^2 2\theta$	[0*kl*]~[001]
$(1\bar{1}0)$	$S_{11} - 0.25(2S_{11} - 2S_{12} - S_{44})(\sin^4\theta + \sin^2 2\theta)$	[*hkl*]~[001]

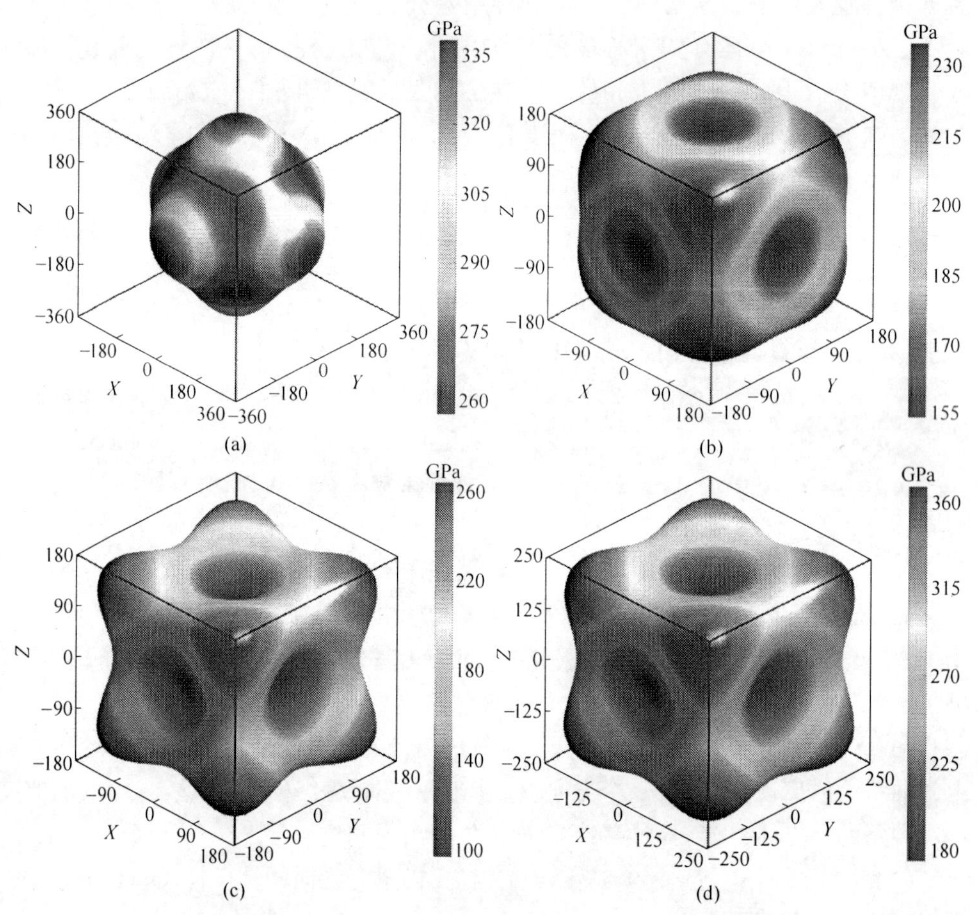

图 4-5　杨氏模量在 AlN 4 种新型立方相中的方向依赖关系

(a) cP16-AlN；(b) cF40-AlN；(c) cI16-AlN；(d) cI24-AlN

对于 cP16-AlN，$(S_{11} - S_{12} - 0.5S_{44}) < 0$，预示着在［100］方向上存在突起，如图 4-5（a）所示。同时从图 4-5（a）可以看出 cP16-AlN 的杨氏模量与主晶向的关系存在以下大小顺序：$E_{[100]}$（338.2 GPa）$>E_{[110]}$（273.4 GPa）$>E_{[111]}$（257.0 GPa）。对于其他 3 个立方晶系 AlN 相而言，$(S_{11} - S_{12} - 0.5S_{44}) > 0$，表示杨氏模量的三维立体表达为 8 个定点为圆角凸起、6 个面心为圆心凹陷的立方体模型，如图 4-5（b）~（d）所示。此

外，如图 4-6（a）所示，对于 cF40-AlN 而言，$E_{[100]}$(154.1 GPa) $< E_{[110]}$(207.7 GPa) $< E_{[111]}$(234.9 GPa)；至于 cI16-AlN，则有 $E_{[100]}$(111.9 GPa) $< E_{[110]}$(195.4 GPa) $< E_{[111]}$(260.0 GPa)；对于 cI24-AlN 而言，$E_{[100]}$(174.5 GPa) $< E_{[110]}$(287.9 GPa) $< E_{[111]}$(367.6 GPa)。同时 cP16-AlN、cF40-AlN、cI16-AlN、cI24-AlN 的杨氏模量最大值与最小值之比 E_{max}/E_{min} 比值分别为 1.316、1.524、2.324、2.107，它们的杨氏模量 E_{max}/E_{min} 比值与通用各向异性指数 A^{U} 顺序相同。

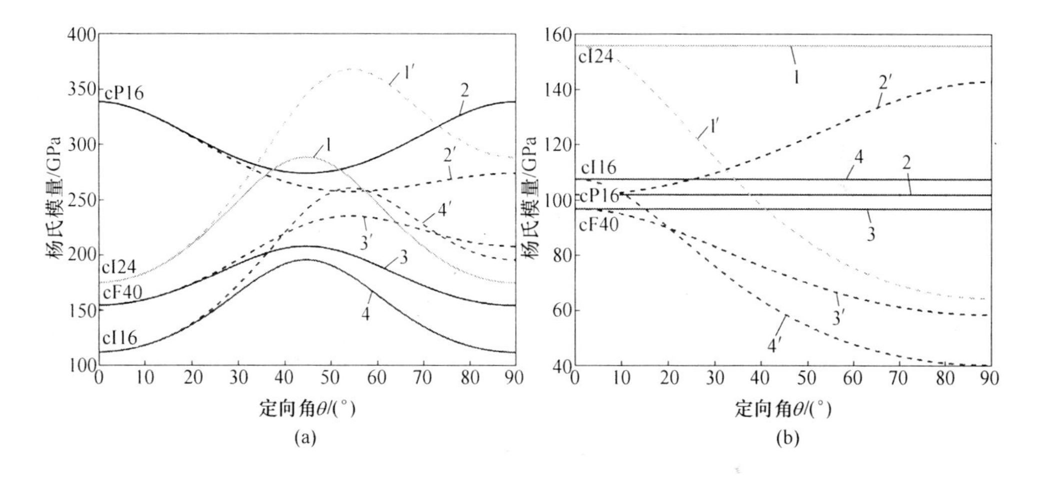

图 4-6 4 种新型立方晶系 AlN 结构的杨氏模量 E(a) 和剪切模量 G(b) 指向性关系图

（实线和虚线分别代表（100）平面从［001］到［010］和（$1\bar{1}0$）平面从［001］到［110］）

1，1′—cI24-AlN；2，2′—cP16-AlN；3，3′—cF40-AlN；4，4′—cI16-AlN

至于任意平面（*hkl*）和任意剪切应力方向［*uvw*］对应的剪切模量可用式（4-3）表达：

$$G^{-1} = 4S'_{66}(\theta, \varphi, \omega) = 4S_{11}(\alpha_1^2\alpha_2^2 + \beta_1^2\beta_2^2 + \gamma_1^2\gamma_2^2) + 8S_{12}(\alpha_1\alpha_2\beta_1\beta_2 + \beta_1\beta_2\gamma_1\gamma_2 + \alpha_1\alpha_2\gamma_1\gamma_2) + S_{44}[(\alpha_1\beta_2 + \alpha_2\beta_1)^2 + (\beta_1\gamma_2 + \beta_2\gamma_1)^2 + (\alpha_1\gamma_2 + \alpha_2\gamma_1)^2] \quad (4\text{-}3)$$

这里 α_1、β_1、γ_1 和 α_2、β_2、γ_2 分别满足如下关系：

$$\begin{vmatrix} \alpha_1 = \sin\theta\cos\varphi \\ \beta_1 = \sin\theta\sin\varphi \\ \gamma_1 = \cos\theta \end{vmatrix}; \quad \begin{vmatrix} \alpha_2 = \cos\theta\cos\varphi\cos\omega - \sin\varphi\sin\omega \\ \beta_2 = \cos\theta\sin\varphi\cos\omega + \cos\varphi\sin\omega \\ \gamma_2 = -\sin\theta\cos\omega \end{vmatrix} \quad (4\text{-}4)$$

式中，(α_1、β_1、γ_1）和（α_2、β_2、γ_2）分别为［*uvw*］方向和［*hkl*］方向的方向余弦，［*hkl*］方向表示垂直于（*hkl*）剪切面的向量方向。

对于给定的剪切面，根据剪切应力方向和指定的晶体方向之间的定向角 θ，可以从式（4-3）中推导出剪切模量 G 的解析公式。例如，对于（100）剪切面与剪切应力方向从［001］旋转到［010］之间任意方向，则有（$\alpha_1 = 0$、$\beta_1 = \sin\theta$、$\gamma_1 = \cos\theta$）且（$\alpha_2 = 1$、$\beta_2 = 0$、$\gamma_2 = 0$）。对于（$1\bar{1}0$）剪切面与剪切应力方向从［001］到［110］之间的任意方向，同样有（$\alpha_1 = \frac{1}{\sqrt{2}}\sin\theta$、$\beta_1 = \frac{1}{\sqrt{2}}\sin\theta$、$\gamma_1 = \cos\theta$）且（$\alpha_2 = \frac{1}{\sqrt{2}}$、$\beta_2 = -\frac{1}{\sqrt{2}}$、$\gamma_2 = 0$）。因此，剪切模量可以进一步推导，这里将特定平面上剪切模量的简化表达式列在表 4-6 中。

表 4-6　在特定平面内的剪切方向对应剪切模量表达式

剪切面	$1/G$	定向角 θ
(100)	S_{44}	$[uvw] \sim [001]$
($1\bar{1}0$)	$2(S_{11} - S_{12})\sin^2\theta + S_{44}\cos^2\theta$	$[uvw] \sim [001]$

因此，4 种 AlN 新型立方相的剪切模量在（100）剪切面和（$1\bar{1}0$）剪切面上的方向依赖性关系可以通过平面图表达，具体关系如图 4-6（b）所示。

对于（001）剪切面而言，4 种 AlN 立方相的面内剪切模量是常数，不受定向角 θ 的影响。cP16-AlN、cF40-AlN、cI16-AlN 和 cI24-AlN 4 种 AlN 立方晶系结构的（001）剪切面的剪切模量分别为 102.2 GPa、97.1 GPa、107.8 GPa 和 156.0 GPa。至于 cF40-AlN、cI16-AlN 和 cI24-AlN 而言，（$1\bar{1}0$）剪切面对应的剪切模量 G 随着定向角 θ 角的增加而减小；然而，cP16-AlN 显示出随着定向角 θ 角的增加而增加的（$1\bar{1}0$）剪切面对应剪切模量 G。

此外，力学性质中常见的泊松比 σ 也受方向影响，如立方晶系结构下泊松比 σ 的方向依赖性表达式见式（4-5）。

$$\sigma(\theta, \varphi, \omega) = -S'_{12}(\theta, \varphi, \omega)/S'_{11}(\theta, \varphi) \tag{4-5}$$

$$S'_{12}(\theta, \varphi, \omega) = S_{11}(\alpha_1^2\alpha_2^2 + \beta_1^2\beta_2^2 + \gamma_1^2\gamma_2^2) + S_{12}(\alpha_1^2\beta_2^2 + \alpha_2^2\beta_1^2 + \alpha_1^2\gamma_2^2 + \alpha_2^2\gamma_1^2 + \beta_2^2\gamma_1^2 + \beta_1^2\gamma_2^2) + S_{44}(\alpha_1\alpha_2\beta_1\beta_2 + \alpha_1\alpha_2\gamma_1\gamma_2 + \beta_1\beta_2\gamma_1\gamma_2) \tag{4-6}$$

相关参数的物理意义在式（4-3）和式（4-4）中已做介绍。图 4-7 描绘了 4 个新型 AlN 立方相的泊松比 σ 的方向依赖关系。很明显，这 4 种 AlN 立方相的泊松比都有着明显的各向异性。其中，cP16-AlN 的泊松比最大值 σ_{max} 出现在沿［110］方向，最小值 σ_{min} 则出现在［100］方向；然而，对于其他 3 种 AlN 立方相，σ_{max} 均沿［110］方向，σ_{min} 却都出现在［111］方向上。

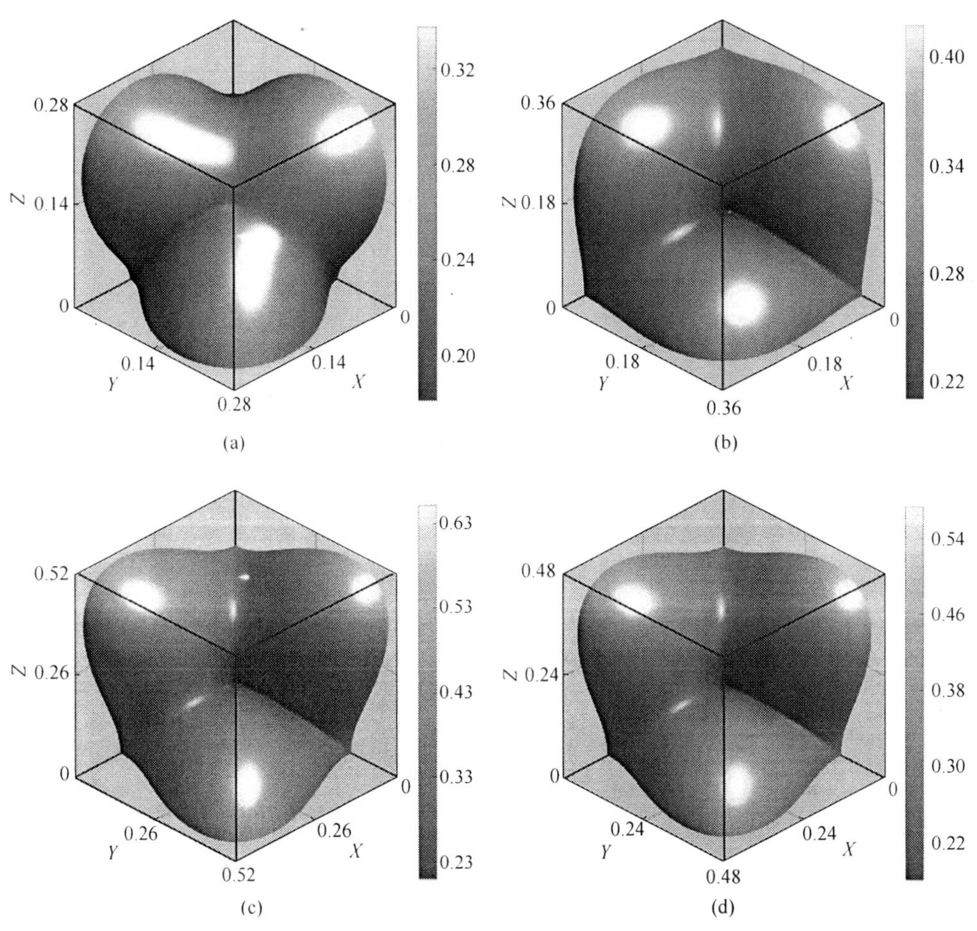

图 4-7 AlN 新型立方相的泊松比 σ 的方向依赖关系
(a) cP16-AlN; (b) cF40-AlN; (c) cI16-AlN; (d) cI24-AlN

4.6 热学性质

利用线性响应机制，通过总能量的二阶导数来确定布里渊区沿不同路径点的声子振动谱[64]的方法即晶格动力学的研究方法，晶格动力学的声子解释已成功地用于描述实际晶体的热学性质及现象，如自由能 G、熵 S、焓 H、比热 C_V 和德拜温度 Θ_D 等热学性质。

4.6.1 零点振动能

计算所得室压下 4 种新型 AlN 立方相各原胞的声子散射谱和声子态密度如图 4-4 所示，并用于评估准谐近似下热学性质与温度之间的关系。零点振动能 E_{zp} 计算见第 2 章热学性质板块式（2-13）。鉴于质能方程中提到的质量与能量之间的关系，考虑到 4 种新型 AlN 立方相的原胞中所含 AlN 物质的量不同，这里以每分子式 AlN 为基准。通过计算，发现在新型 AlN 立方相中，cF40-AlN 有着最大的 E_{zp}（0.186 eV），紧随其后的是 cI16-AlN（E_{zp} = 0.184 eV）。cI24-AlN 有着最小的 E_{zp}（0.179 eV），不过仅仅比 cP16-AlN 的 E_{zp}小 1 meV。

4.6.2　热力学物理量

热力学相关物理量如振动熵 S、焓 H、吉布斯自由能 G 与温度 T 之间的关系均可以通过基于声子振动的晶格动力学分析而获取[65]，具体方法参见第 2.5.3 节式（2-14）~式（2-16）。

计算得到 4 种新型氮化铝立方相的焓 H、吉布斯自由能 G、振动熵 S 等热力学函数与温度 T 的关系如图 4-8 所示。为了统一能量单位，便于比较，此处熵以

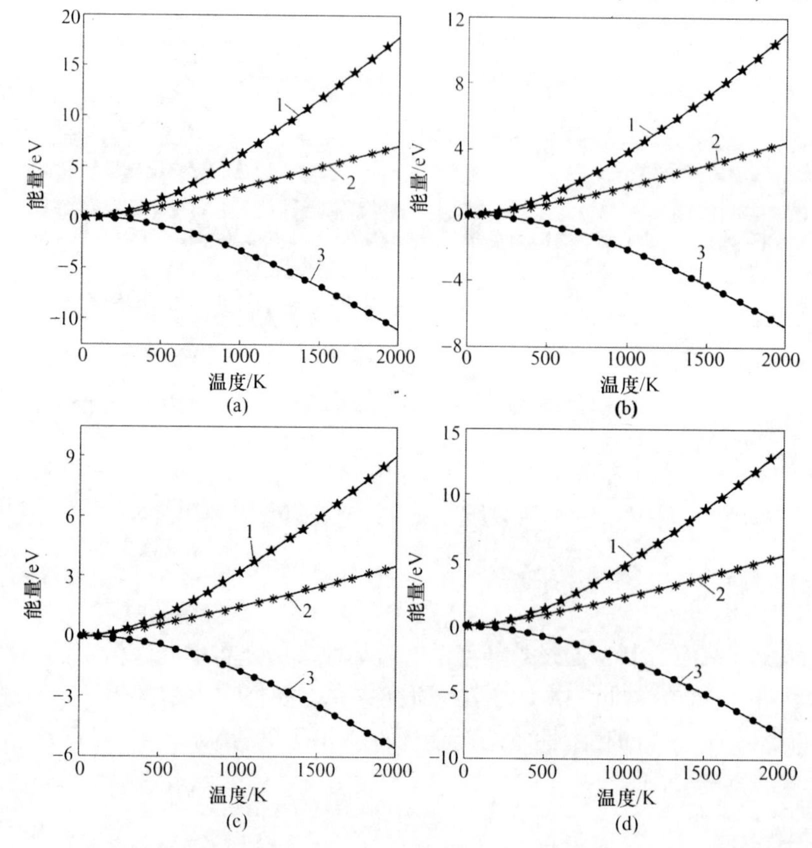

图 4-8　计算所得新型 AlN 立方相的焓 H、吉布斯自由能 G、振动熵 S 等热力学函数与温度 T 之间的关系

（a）cP16-AlN；（b）cF40-AlN；（c）cI16-AlN；（d）cI24-AlN

1—$T \times S$；2—H；3—G

$T\times S$ 的形式给出。不难发现，热力学函数 H、G、S 与 T 之间符合热力学公式 $G=H-T\times S$。此外，4 种新型 AlN 立方相的热力学函数之间近似满足 cP16-AlN : cF40-AlN : cI16-AlN : cI24-AlN = 8 : 5 : 4 : 6 的比例关系。以归一化能量来比较，发现每分子式 AlN 的自由能 G 最低者为 cI16-AlN，其次为 cF40-AlN，而 cP16-AlN 和 cI24-AlN 两者分别为最高和次最高，即两个具有大空腔的笼型结构比两个致密结构的自由能更低，即更稳定。

4.6.3 定容比热容

基于第 2.5.4 节式（2-18），可以计算定容比热容 C_V 随温度 T 的函数关系，并绘制，曲线如图 4-9 所示。计算出的 4 种氮化铝立方相的定容比热容 C_V 比值近似等同于其原胞中所含 AlN 分子式数的比值（cP16-AlN : cF40-AlN : cI16-AlN : cI24-AlN = 8 : 5 : 4 : 6）。在 $T\gg\Theta_D$ 的高温下，每 AlN 分子式所对应的定容比热容 C_V 趋近于双原子化合物的杜隆-珀替极限值 $6R$（$R=8.314$ J/(K · mol)）；在 $T\ll\Theta_D$ 的低温下，热容定容比热容 C_V 正比于 $(T/\Theta_D)^3$。

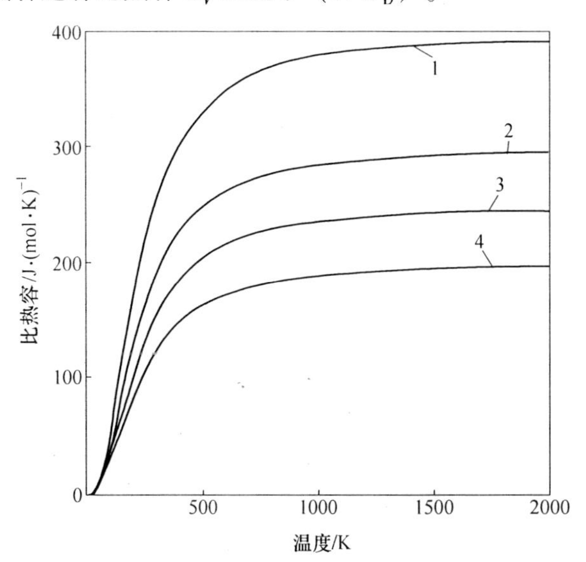

图 4-9 计算所得新型 AlN 立方相的定容比热容 C_V 与温度 T 之间的关系

1—cP16-AlN；2—cF40-AlN；3—cI16-AlN；4—cI24-AlN

4.6.4 德拜温度

德拜温度在材料应用分析及筛选中有非常重要的作用。当某种材料的大而纯晶体无法制备时，德拜温度的理论评价尤为重要，它可以为材料的选择应用提供指导。德拜温度 Θ_D 可以从低温比热测量中得以精确确定。因此，德拜温度 Θ_D 在给定温度 T 下的具体数值，可以通过第 2.5.4 节公式（2-18）计算得到真实的定

容比热容 C_V，然后导入式（2-19）中反求出德拜温度 Θ_D。

模拟 4 种新型立方晶系 AlN 相的德拜温度 Θ_D 随温度 T 的变化关系，如图 4-10 所示。针对工业和日常应用，分析了新型 AlN 立方相在室温及以上情况的德拜温度 Θ_D，发现四者的 Θ_D 遵循 cF40>cI16>cP16>cI24 的顺序。对于 cP16-AlN、cF40-AlN、cI16-AlN 和 cI24-AlN 四者，其在高温下德拜温度 Θ_D 的模拟极限值分别为 967.4 K、1039.5 K、1005.8 K 和 949.8 K；而在室温温度（300 K）下，四者的德拜温度 Θ_D 分别为 924.7 K、957.6 K、939.7 K 和 922.3 K。

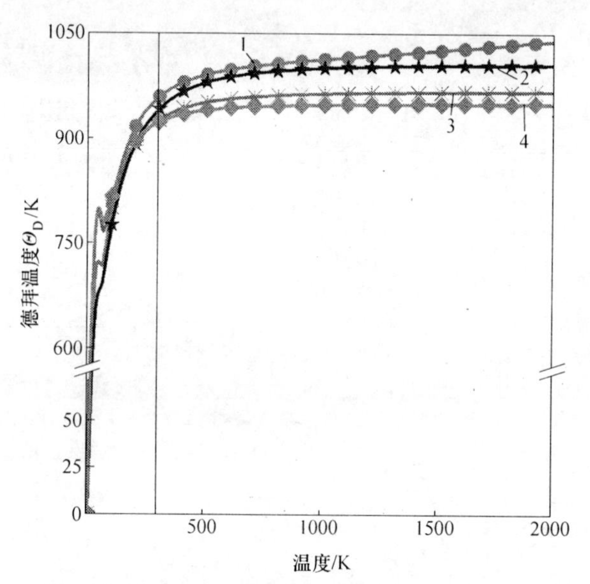

图 4-10　计算所得新型 AlN 立方相的德拜温度 Θ_D 与温度 T 之间的关系

1—cF40-AlN；2—cI16-AlN；3—cP16-AlN；4—cI24-AlN

4.6.5　热导率

材料热导率的下限可以基于克拉克（Clarke）模型，通过式（4-7）计算[66]。

$$k_{\min} = 0.87 k_B \overline{\Omega_a}^{-2/3} (E/\rho)^{1/2};\ \overline{\Omega_a} = M/(\rho \cdot m \cdot N_A) \tag{4-7}$$

式中，$\overline{\Omega_a}$ 为原子占据晶胞的平均体积；ρ 为密度；M 为分子质量；m 为每 AlN 分子式所含原子数量；N_A 为阿伏伽德罗常数；k_B 代表玻耳兹曼常数。

鉴于杨氏模量的各向异性，具体见 4.5.2 节式（4-2），当用杨氏模量的各向异性代入式（4-7），可以得到 4 种新型 AlN 立方相的最小导热率的方向依赖关系。图 4-11 给出了新型 AlN 立方相的最小导热系数的三维曲面轮廓示意图。图 4-11 中非球形的三维轮廓表明新型 AlN 立方相的最小热导率存在明显的各向异性，即同一 AlN 立方结构中各个方向上的热导率最小值不同。

据表 4-5 可知，特定晶面如（100）面和（1 $\bar{1}$0）面的杨氏模量表达式可以进一步简化。

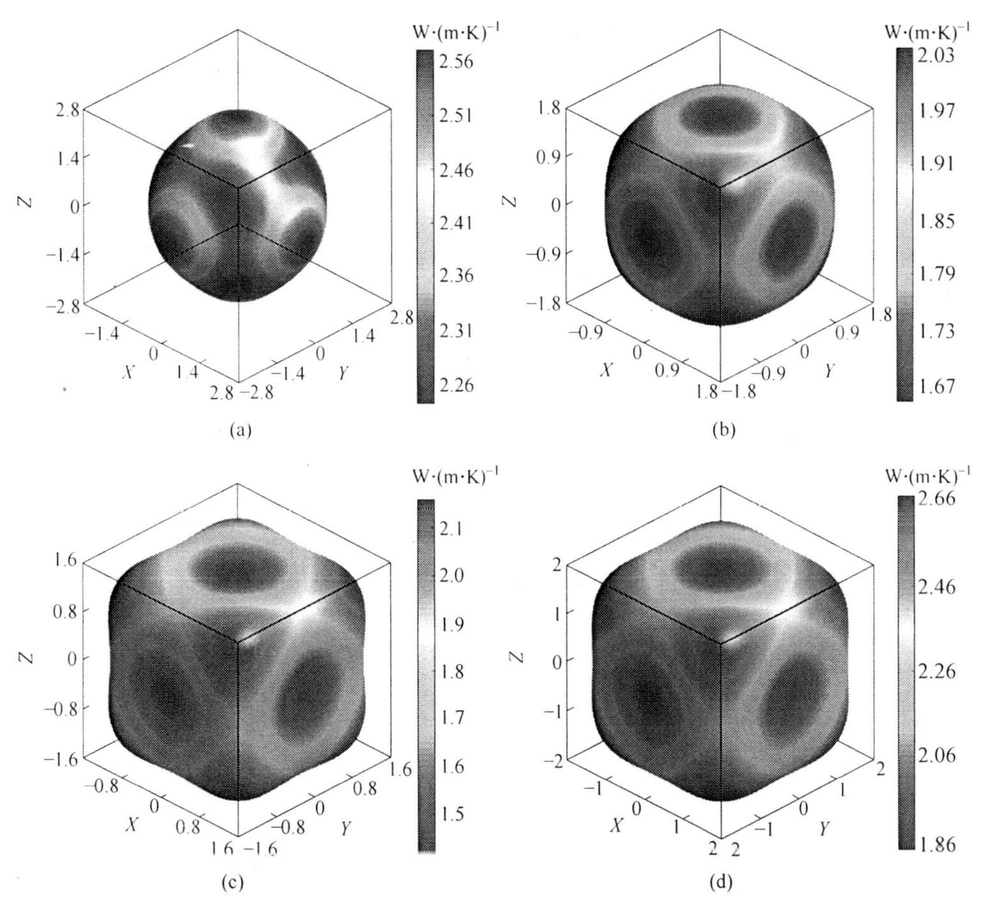

(a) (b) (c) (d)

图 4-11 新型 AlN 立方相热导率 K 的方向依赖性三维视图

（a）cP16-AlN；（b）cF40-AlN；（c）cI16-AlN；（d）cI24-AlN

因而在不同的晶面上，cP16-AlN、cF40-AlN、cI16-AlN 和 cI24-AlN 四者最小导热系数的各向异性关系可以进一步用二维平面图显示，如图 4-12 所示。

4 种新型立方晶系 AlN 的杨氏模量各向异性在 4.5 章节力学性质部分已做详细介绍。根据式（4-7），结合图 4-11 和图 4-12，对于 cP16-AlN 而言，不同方向上的热导率最小值满足如下关系：$k_{[100]}$(2.572 W/(m·K)) > $k_{[110]}$(2.312 W/(m·K)) > $k_{[111]}$(2.242 W/(m·K))。至于 cF40-AlN、cI16-AlN 和 cI24-AlN，它们在不同方向上的导热系数最小值规律一样，具体为 cF40-AlN：$k_{[100]}$(1.651 W/(m·K)) < $k_{[110]}$(1.917 W/(m·K)) < $k_{[111]}$(2.039 W/(m·K))；cI16-AlN：$k_{[100]}$(1.418 W/(m·K)) < $k_{[110]}$(1.873 W/(m·K)) <

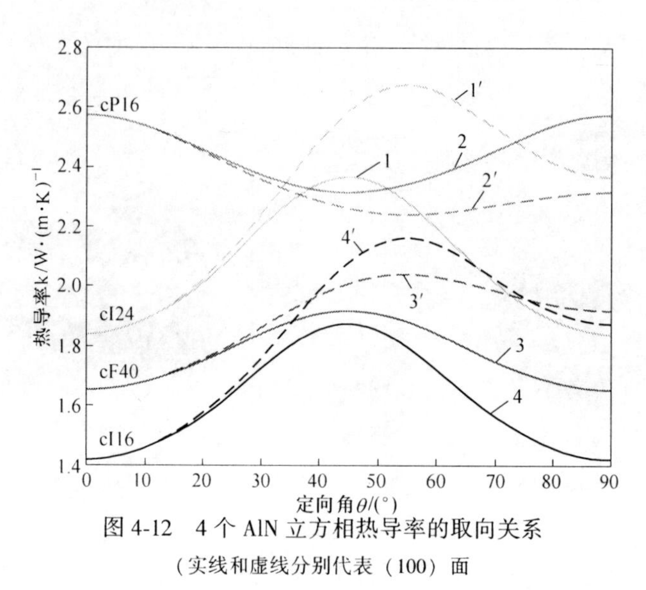

图 4-12　4 个 AlN 立方相热导率的取向关系

（实线和虚线分别代表（100）面

从［001］到［010］方向和（1$\bar{1}$0）面从［001］到［110］方向）

1，1′—cI24-AlN；2，2′—cP16-AlN；3，3′—cF40-AlN；4，4′—cI16-AlN

$k_{[111]}$(2.161 W/(m · K))；cI24-AlN：$k_{[100]}$(1.841 W/(m · K)) < $k_{[110]}$(2.365 W/(m · K)) < $k_{[111]}$(2.672 W/(m · K))。

4.7　电学性质

4.7.1　室压电学性质

在室压力下，研究了 4 种氮化铝立方相整个第一布里渊区在所选择的高对称路径点下的电子能带结构，如图 4-13 所示。由于 cF40-AlN、cP16-AlN 和 cI24-AlN 的价带最高点 VBM 和导带最低点 CBM 均位于 *G* 点，即 *G* 点处存在直接带隙，因而三者都是直接带隙半导体。由于 cI16-AlN 的 VBM 位于 *H* 点，而 CBM 落在 *G* 点，因而其是一种间接带隙半导体。在 4 种新型氮化铝立方相中，cF40-AlN 的带隙最小，为 3.332 eV；cI16-AlN 的带隙值最大，为 4.900 eV。cI16-AlN 在 *G* 点存在 5.562 eV 的准“直接”带隙。cP16-AlN 和 cI24-AlN 二者的直接间隙分别为 4.452 eV 和 3.976 eV。与 wz-AlN、rs-AlN 等现有实验相比较，4 种 AlN 立方相的带隙值都较小。这 4 个新型 AlN 立方相的提出将有助于丰富 AlN 材料的带隙范围，并进一步拓宽其在半导体和光电器件中的应用。

基于 GGA-PBE 算法计算所得 4 种立方氮化铝相在室压下的 PDOS 如图 4-13 所示。根据杂化轨道理论，一个有 3 个 p 轨道的 s 轨道杂化可以形成 4 个轨道能量相同的 sp^3 杂化轨道，这说明在 PDOS 中 s 轨道和 p 轨道的能量范围是相同的。对于其他杂化轨道，如 sp^2 和 sp 轨道，杂化轨道中有一个或两个 p 轨道未参与杂

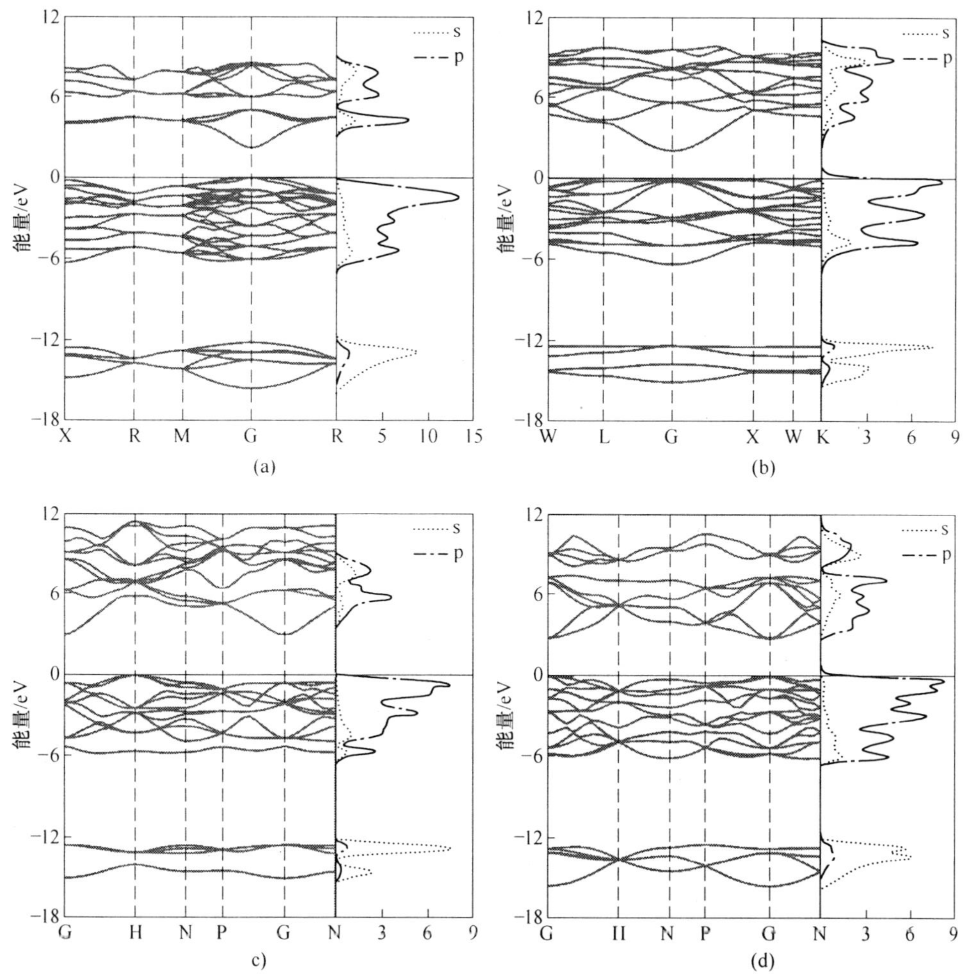

图 4-13 基于 GGA-PBE 算法计算所得 4 种立方氮化铝相在室压下的电子能带结构（左侧）和分波态密度图（右侧）
（黑色水平实线代表费米能级）
（a）cP16-AlN；（b）cF40-AlN；（c）cI16-AlN；（d）cI24-AlN

化，说明 PDOS 中 p 轨道的能量范围比 s 轨道的要宽。s 轨道和 p 轨道的能量范围相同，说明铝原子和氮原子形成 sp^3 杂化键，这也和 4 种新型 AlN 立方相结构中原子配位关系吻合。

此外，采用更为精确的杂化泛函 HSE06 计算 4 种新型立方氮化铝相在室压下的电子能带结构，如图 4-14 所示。4 种新型立方氮化铝相的导带最低点和价带最高点的分布情况与基于 GGA-PBE 算法所得情况一致，佐证了 cF40-AlN、cP16-AlN 和 cI24-AlN 都是直接带隙半导体，cI16-AlN 是间接带隙半导体的结论。4 种新型立方氮化铝相在室压下均具有较大的禁带宽度（降序排列：cI16-AlN

(4. 900 eV) >cP16-AlN (4. 452 eV) >cI24-AlN (3. 976 eV) >cF40-AlN (3. 332 eV)), 但均低于前期发现的 4 种新型正交晶系 AlN 的带隙宽度，这丰富了 AlN 材料的带隙宽度范围，也将拓宽 AlN 的半导体工业应用领域。

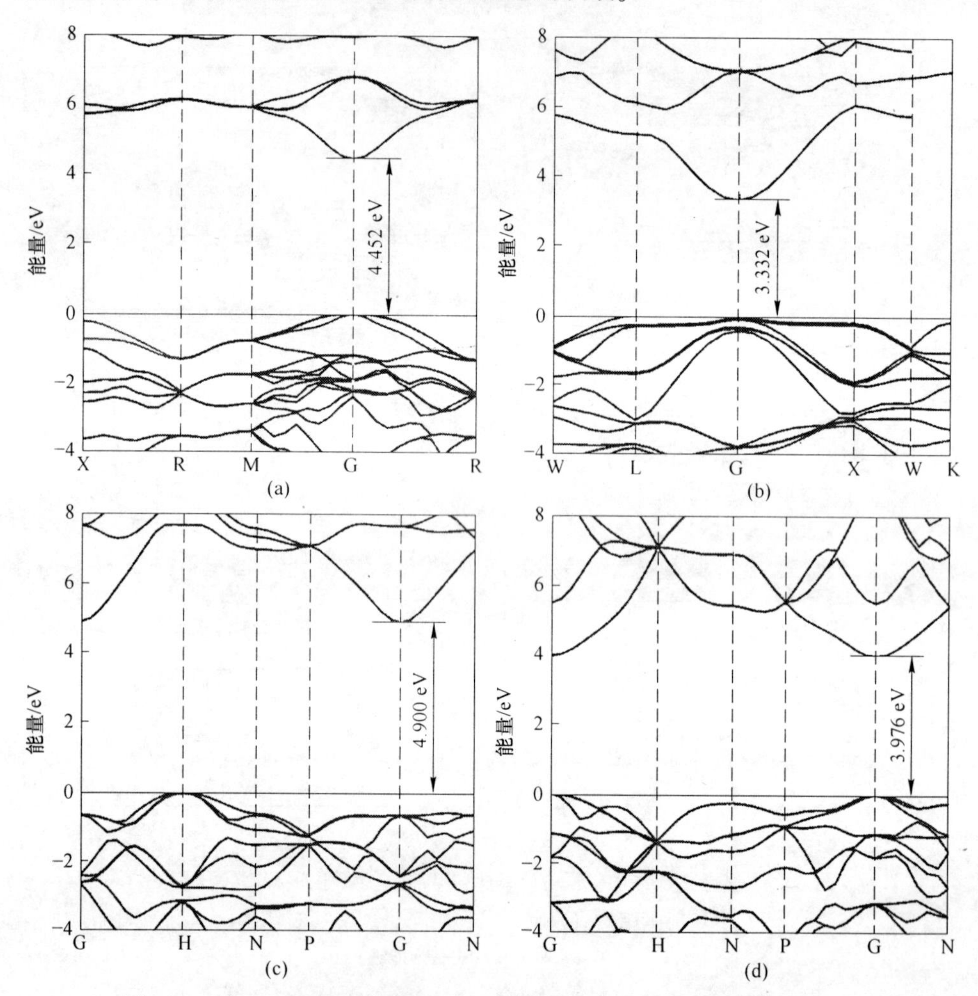

图 4-14　基于 HSE06 计算所得 4 种立方氮化铝相在室压下的能带结构图
（黑色水平实线代表费米能级）
(a) cP16-AlN; (b) cF40-AlN; (c) cI16-AlN; (d) cI24-AlN

4.7.2　化学键分析

众所周知，不同的元素具有不同的电负性（electronegativity）*EN*，且相同的元素在不同的配位环境下也有着不同的电负性。一般而言，N 具有比 Al 更大的 *EN*。例如，当 4 个配位数形成共价键时，Al 的 *EN* 值为 1. 146，N 的 *EN* 值为 3. 437[67]。如图 4-15 所示，在 4 种新型立方 AlN 相的电荷密度差分区间，电荷偏离 Al 原子，偏聚在 Al—N 的 N 原子周围，说明四立方 AlN 相中所有的 Al—N 都具有明显的极性。

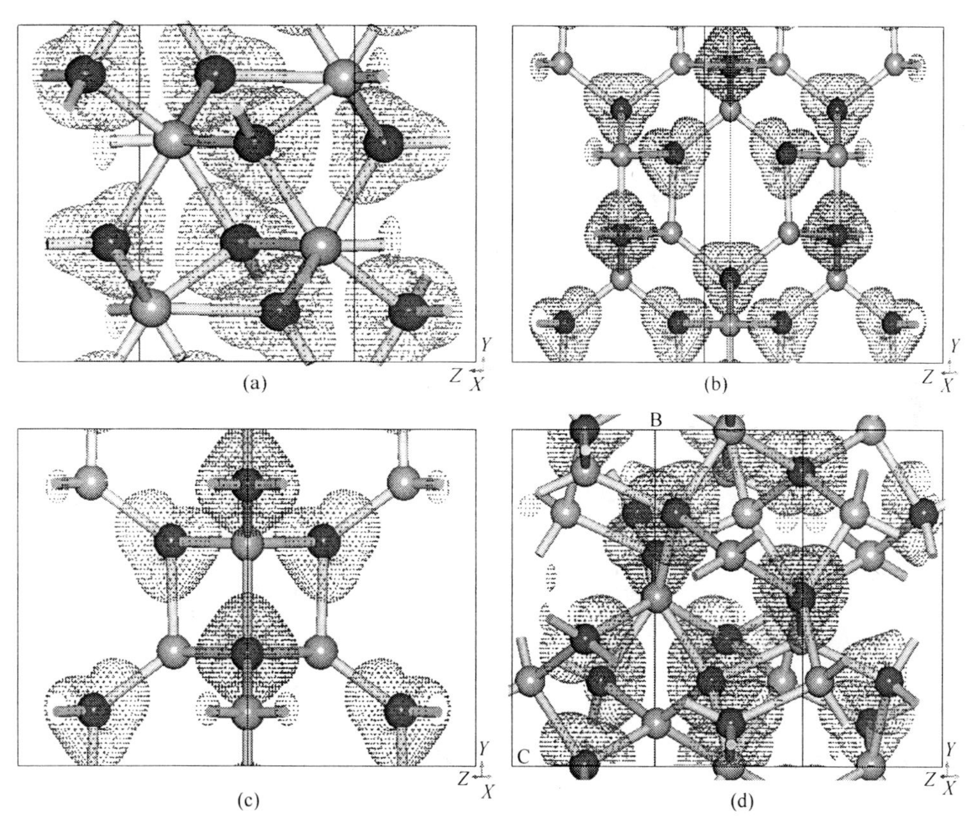

图 4-15 新型 AlN 立方相的电荷密度差分等值图（等势面 0.1 c/Å^3）
（a）cP16-AlN；（b）cF40-AlN；（c）cI16-AlN；（d）cI24-AlN

电荷密度差和 PDOS 的分析说明，cP16-AlN、cF40-AlN、cI16-AlN 和 cI24-AlN 均是由与 sp^{3}杂化的极性共价 Al—N 化学键组成的。

4.7.3 压力对电学性质的影响

在第 3.8.2 节已经介绍过压力可能对物相造成的影响以及其对材料电学性质的可能影响机制。此处，进一步计算了 0～20 GPa 范围内不同压力（间隔 2 GPa 取样）下 4 种新型立方晶系 AlN 相的具体带隙数值。考虑到基于 HSE06 的算法虽然精准但是耗费计算资源巨大，仅采用基于 GGA-PBE 的算法来分析压力对 4 种新型 AlN 立方相的电学性质的影响规律。如图 4-16 所示，压力对 4 种新型 AlN 立方相带隙的影响大致可分为三类：（1）cP16-AlN 和 cI16-AlN，随着压力增大二者带隙均快速增大，增长速率分别为 23.45 meV/GPa 和 22.50 meV/GPa；

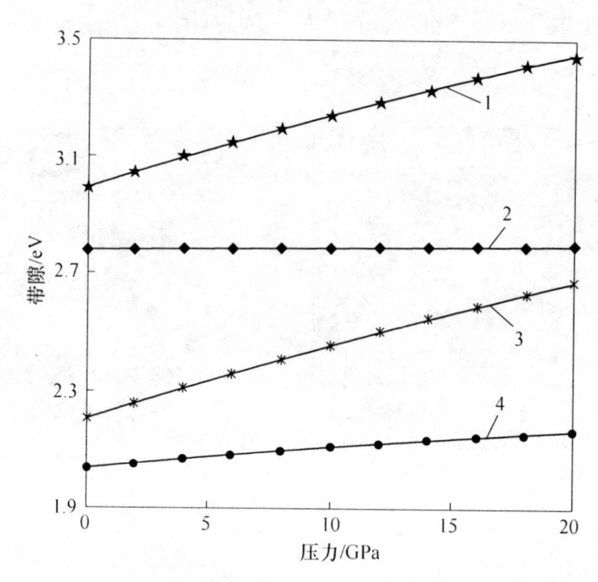

图 4-16　基于 GGA 算法所得 4 种新型 AlN 立方相的带隙-压力关系图

1—cI16-AlN；2—cI24-AlN；3—cP16-AlN；4—cF40-AlN

（2）cF40-AlN，随着压力增大其带隙增大，其增长速率为 6.40 meV/GPa；（3）cI24-AlN，随着压力增大其带隙几乎不变（非常缓慢的增长，其增长速率为 0.85 meV/GPa），其带隙呈现出一定的抗压力影响性。压力对 4 种新型 AlN 立方相带隙的影响规律表明，根据四者对压力响应情况，它们在动态压力条件下可能有着潜在的用途。

4.8　本章小结

综上所述，本章提出了 4 种立方 AlN 相（cP16-AlN、cF40-AlN、cI16-AlN 和 cI24-AlN）。它们在室压下的焓值都比 AlN 纳米管（4，4）NT 和笼型团簇 $(AlN)_{16}$有优势，通过计算弹性常数和声子色散曲线验证了它们的弹性力学稳定性和动力学稳定性。

4 种立方结构均具有一定的各向异性，其各向异性程度依次为：cI16-AlN>cI24-AlN>cF40-AlN>cP16-AlN。对于 cP16-AlN 而言，存在 $E_{[100]}>E_{[110]}>E_{[111]}$的杨氏模量各向异性序列；对于其他 3 个 AlN 立方相，杨氏模量各向异性顺序刚好相反。cP16-AlN 在（$1\bar{1}0$）面的剪切模量 G 随着定向角 θ 增加而逐渐增大；相反，其他三种立方相在（$1\bar{1}0$）面的剪切模量 G 随着定向角 θ 增加而逐渐减小。根据泊松比 σ 方向依赖性的分析，虽然在每个方向 σ 不同，但 cP16-AlN 各方向均呈现脆性，而其他三者在不同方向上表现出脆性，而特定的方向又能呈现出一定的韧性。

基于经验模型的硬度公式计算表明，4 种 AlN 立方相具有良好的硬度范围，即 7.8~17.0 GPa。电子能带结构表明，cP16-AlN、cF40-AlN 和 cI24-AlN 是直接带隙小于 wz-AlN 和 rs-AlN 等实验相的半导体；然而，cI16-AlN 是一种间接带隙半导体。根据分波态密度和电荷密度差分的分析发现，4 种新型 AlN 立方相中的所有 Al—N 键都是 sp^3杂化的极性共价键。

计算所得 4 种 AlN 立方相的定容比热容 C_V 值与其原胞中所含 AlN 分子式数的比值近似，即 8∶5∶4∶6。在高温下，每 AlN 分子式对应的定容比热容趋近杜隆-珀替极限 $6R$；在 $T \ll \Theta_D$ 的低温下，定容比热容 $C_V \propto (T/\Theta_D)^3$。此外，四者的德拜温度 Θ_D 满足如下顺序：cF40-AlN > cI16-AlN > cP16-AlN > cI24-AlN。对于 cP16-AlN，不同方向上热导率最小值存在 $k_{[100]} > k_{[110]} > k_{[111]}$ 的关系；而对于其他 3 种 AlN 立方相，热导率顺序刚好相反。

参 考 文 献

[1] Feneberg M, Leute R A R, Neuschl B, et al. High-excitation and high-resolution photoluminescence spectra of bulk AlN [J]. Phys. Rev. B, 2010, 82: 075208.

[2] Soltani A, Stolz A, Charrier J, et al. Dispersion properties and low infrared optical losses in epitaxial AlN on sapphire substrate in the visible and infrared range [J]. J. Appl. Phys., 2014, 115: 163515.

[3] Pernice W H, Xiong C, Tang H X. High Q micro-ring resonators fabricated from polycrystalline aluminum nitride films for near infrared and visible photonics [J]. Optics Express, 2012, 20: 12261-12269.

[4] Barkad H A, Soltani A, Mattalah M, et al. Design, fabrication and physical analysis of TiN/AlN deep UV photodiodes [J]. J. Phys. D: Appl. Phys., 2010, 43: 465104.

[5] BenMoussa A, Hochedez J F, Dahal R, et al. Characterization of AlN metal-semiconductor-metal diodes in the spectral range 44~360 nm: Photoemission assessments [J]. Appl. Phys. Lett., 2008, 92: 022108.

[6] Talbi A, Soltani A, Mortet V, et al. Theoretical study of lamb acoustic waves characteristics in a AlN/diamond composite membranes for Super High Frequency range operating devices [J]. Diam. Relat. Mater., 2012, 22: 66-69.

[7] Taniyasu Y, Kasu M, Makimoto T. An aluminium nitride light-emitting diode with a wavelength of 210 nanometres [J]. Nature, 2006, 441: 325-328.

[8] Fulcher B D, Cui X Y, Delley B, et al. Hardness analysis of cubic metal mononitrides from first principles [J]. Phys. Rev. B, 2012, 85: 184106.

[9] Schwarz M, Antlauf M, Schmerler S, et al. Formation and properties of rocksalt-type AlN and implications for high pressure phase relations in the system Si-Al-O-N [J]. High Pressure Res,

2013, 34: 1-17.

[10] Kazan M, Moussaed E, Nader R, et al. Elastic constants of aluminum nitride [J]. Phys. Status. Solidi. C, 2007, 4: 204-207.

[11] Wang A J, Shang S L, Du Y, et al. Structural and elastic properties of cubic and hexagonal TiN and AlN from first-principles calculations [J]. Comput. Mater. Sci., 2010, 48: 705-709.

[12] Martienssen W, Warlimont H. Springer Handbook of Condensed Matter and Materials Data [M]. Berlin, Heidelberg: Springer-Verlag, 2005.

[13] Duquenne C, Besland M P, Tessier P Y, et al. Thermal conductivity of aluminium nitride thin films prepared by reactive magnetron sputtering [J]. J. Phys. D: Appl. Phys., 2012, 45: 015301.

[14] Belkerk B E, Soussou A, Carette M, et al. Structural-dependent thermal conductivity of aluminium nitride produced by reactive direct current magnetron sputtering [J]. Appl. Phys. Lett., 2012, 101: 151908.

[15] Pan C, Kou K, Wu G, et al. Fabrication and characterization of AlN/PTFE composites with low dielectric constant and high thermal stability for electronic packaging [J]. J. Mater. Sci.: Mater. Electr., 2016, 27: 286-292.

[16] Mohd Nor N I, Khalid N, Aina R, et al. Materials Science Forum, 2015, pp. 209-214.

[17] Reusch M, Cherneva S, Yuan L, et al. Microstructure and mechanical properties of stress-tailored piezoelectric AlN thin films for electro-acoustic devices [J]. Appl. Surf. Sci., 2017, 407: 307-314.

[18] Tembhare P C, Rangaree P H. A Review On: Design of 2.4 GHz FBAR filter using MEMS technology for RF applications [J]. Imperial J. Interdisciplinary Res., 2017, 3: 939-941.

[19] Przybyla R, Tang H Y, Shelton S, et al. IEEE International Solid-State Circuits Conference, 2014, pp. 210-212.

[20] Wang Z, Tait K, Zhao Y, et al. Size-induced reduction of transition pressure and enhancement of bulk modulus of AlN nanocrystals [J]. J. Phys. Chem. B, 2004, 108: 11506-11508.

[21] Petrov I, Mojab E, Powell R C, et al. Synthesis of metastable epitaxial zinc-blende-structure AlN by solid-state reaction [J]. Appl. Phys. Lett., 1992, 60: 2491-2493.

[22] Durandurdu M. Pressure-induced phase transition in AlN: An ab initio molecular dynamics study [J]. J. Alloy. Compd., 2009, 480: 917-921.

[23] Peng F, Chen D, Fu H Z, et al. The phase transition and the elastic and thermodynamic properties of AlN: First principles [J]. Phys. B, 2008, 403: 4259-4263.

[24] Saib S, Bouarissa N, Rodríguez-Hernández P, et al. First-principles study of high-pressure phonon dispersions of wurtzite, zinc-blende, and rocksalt AlN [J]. J. Appl. Phys., 2008, 103: 013506.

[25] Tan X, Xin Z Y, Liu X J, et al. First-principles study on elastic properties of AlN [J]. Adv. Mater. Res., 2013, 821-822: 841-844.

[26] Tondare V N, Balasubramanian C, Shende S V, et al. Field emission from open ended

aluminum nitride nanotubes [J]. Appl. Phys. Lett., 2002, 80: 4813-4815.

[27] Balasubramanian C, Bellucci S, Castrucci P, et al. Scanning tunneling microscopy observation of coiled aluminum nitride nanotubes [J]. Chem. Phys. Lett., 2004, 383: 188-191.

[28] Yin L W, Bando Y, Zhu Y C, et al. Single-crystalline AlN nanotubes with carbon-layer coatings on the outer and inner surfaces via a multiwalled-carbon-nanotube-template-induced route [J]. Adv. Mater, 2005, 17: 213-217.

[29] Renato B S, Mota F B, Rivelino R, et al. Van der Waals stacks of few-layer h-AlN with graphene: an ab initio study of structural, interaction and electronic properties [J]. Nanotechnology, 2016, 27: 145601.

[30] Wu Q, Hu Z, Wang X, et al. Synthesis and characterization of faceted hexagonal aluminum nitride nanotubes [J]. J. Am. Chem. Soc., 2003, 125: 10176-10177.

[31] Rounaghi S A, Eshghi H, Scudino S, et al. Mechanochemical route to the synthesis of nanostructured Aluminium nitride [J]. Sci. Rep., 2016, 6: 33375.

[32] Caballero E S, Cintas J, Cuevas F G, et al. A new method for synthetizing nanocrystalline aluminium nitride via a solid-gas direct reaction [J]. Powder Technol., 2016, 287: 341-345.

[33] Feng A, Jia Z, Zhao Y, et al. Development of Fe/Fe_3O_4@C composite with excellent electromagnetic absorption performance [J]. J. Alloy. Compd, 2018, 745: 547-554.

[34] Feng A, Jia Z, Yu Q, et al. Preparation and characterization of carbon nanotubes/carbon fiber/phenolic composites on mechanical and thermal conductivity properties [J]. Nano, 2018, 13: 1850037.

[35] Wu G, Cheng Y, Yang Z, et al. Design of carbon sphere/magnetic quantum dots with tunable phase compositions and boost dielectric loss behavior [J]. Chem. Eng. J., 2018, 333: 519-528.

[36] Pan C, Zhang J, Kou K, et al. Investigation of the through-plane thermal conductivity of polymer composites with in-plane oriented hexagonal boron nitride [J]. Int. J. Heat Mass Transf., 2018, 120: 1-8.

[37] Feng A, Wu G, Wang Y, et al. Synthesis, Preparation and Mechanical Property of Wood Fiber-Reinforced Poly (vinyl chloride) Composites [J]. J. Nanosci. Nanotechno., 2017, 17: 3859-3863.

[38] Liu C, Hu M, Luo K, et al. Novel high-pressure phases of AlN: A first-principles study [J]. Comput. Mater. Sci., 2016, 117: 496-501.

[39] Yang R, Zhu C, Wei Q, et al. A first-principles study of the properties of four predicted novel phases of AlN [J]. J. Phys. Chem. Solids, 2017, 104: 68-78.

[40] Costales A, Blanco M A, Francisco E, et al. Evolution of the Properties of AlnNn Clusters with Size [J]. J. Phys. Chem. B, 2005, 109: 24352-24360.

[41] Jiling L, Yueyuan X, Mingwen Z, et al. Theoretical prediction for the $(AlN)_{12}$ fullerene-like cage-based nanomaterials [J]. J. Phys.: Condens. Matter, 2007, 19: 346228.

[42] Wang Q, Sun Q, Jena P, et al. Potential of AlN nanostructures as hydrogen storage materials

[J]. ACS Nano, 2009, 3: 621-626.

[43] Wang H, Wang Y C, Lv J, et al. CALYPSO structure prediction method and its wide application [J]. Comput. Mater. Sci., 2016, 112: 406-415.

[44] Wang Y C, Lv J, Zhu L, et al. CALYPSO: a method for crystal structure prediction [J]. Comput. Phys. Commun., 2012, 183: 2063-2070.

[45] Wang Y C, Lv J A, Zhu L, et al. Crystal structure prediction via particle-swarm optimization [J]. Phys. Rev. B, 2010, 82: 094116.

[46] Wang H, Wang Y, Lv J, et al. CALYPSO structure prediction method and its wide application [J]. Comput. Mater. Sci., 2016, 112, Part B: 406-415.

[47] Clark S J, Segall M D, Pickard C J, et al. First principles methods using CASTEP [J]. Z. Kristallogr., 2005, 220: 567-570.

[48] Perdew J P, Burke K, Ernzerhof M. Generalized gradient approximation made simple [J]. Phys. Rev. Lett., 1996, 77: 3865-3868.

[49] Garrity K F, Bennett J W, Rabe K M, et al. Pseudopotentials for high-throughput DFT calculations [J]. Comput. Mater. Sci., 2014, 81: 446-452.

[50] Pfrommer B G, Côté M, Louie S G, et al. Relaxation of crystals with the quasi-Newton method [J]. J. Comput. Phys., 1997, 131: 233-240.

[51] Monkhorst H J, Pack J D. Special points for Brillouin-zone integrations [J]. Phys. Rev. B, 1976, 13: 5188-5192.

[52] Gonze X. First-principles responses of solids to atomic displacements and homogeneous electric fields: Implementation of a conjugate-gradient algorithm [J]. Phys. Rev. B, 1997, 55: 10337.

[53] Kresse G, Furthmüller J. Efficient iterative schemes for ab initio total-energy calculations using a plane-wave basis set [J]. Phys. Rev. B, 1996, 54: 11169.

[54] Garza A J, Scuseria G E. Predicting band gaps with hybrid density functionals [J]. J. Phys. Chem. Lett., 2016, 7: 4165-4170.

[55] Krukau A V, Vydrov O A, Izmaylov A F, et al. Influence of the exchange screening parameter on the performance of screened hybrid functionals [J]. J. Chem. Phys., 2006, 125: 224106.

[56] Rezaei-Sameti M. DFT study on influence of Si and Ge doping on the chemical shielding tensors in the armchair AlN nanotubes [J]. Phys. E, 2011, 43: 588-592.

[57] Costales A, Blanco M A, Francisco E, et al. Evolution of the properties of AlnNn clusters with size [J]. 2005, 109: 24352-24360.

[58] Li J, Xia Y, Zhao M, et al. Theoretical prediction for the $(AlN)_{12}$ fullerene-like cage-based nanomaterials [J]. J. Phys.: Condens. Matter, 2007, 19: 346228.

[59] Wang Q, Sun Q, Jena P, et al. Potential of AlN nanostructures as hydrogen storage materials [J]. 2009, 3: 621-626.

[60] Mouhat F, Coudert F X. Necessary and sufficient elastic stability conditions in various crystal systems [J]. Phys. Rev. B, 2014, 90: 224104.

[61] Wu Z, Zhao E, Xiang H, et al. Crystal structures and elastic properties of superhard IrN_2 and IrN_3 from first principles [J]. Phys. Rev. B, 2007, 76: 054115.

[62] Chen X Q, Niu H Y, Li D Z, et al. Modeling hardness of polycrystalline materials and bulk metallic glasses [J]. Intermetallics, 2011, 19: 1275-1281.

[63] Ranganathan S I, Ostoja-Starzewski M. Universal elastic anisotropy index [J]. Phys. Rev. Lett., 2008, 101: 055504.

[64] Baroni S, Gironcoli S D, Corso A D, et al. Phonons and related properties of extended systems from density-functional perturbation theory [J]. Physics, 2000, 73: 515-562.

[65] Baroni S, de Gironcoli S, Dal Corso A, et al. Phonons and related crystal properties from density-functional perturbation theory [J]. Rev. Mod. Phys., 2001, 73: 515-562.

[66] Clarke D R. Materials selection guidelines for low thermal conductivity thermal barrier coatings [J]. Surf. Coat. Tech., 2003, S163-164: 67-74.

[67] Li K, Wang X, Xue D. Electronegativities of elements in covalent crystals [J]. J. Phys. Chem. A, 2008, 112: 7894-7897.

5 AlP 亚稳相的第一性原理研究

5.1 概述

室压下磷化铝（Aluminium Phosphide）AlP 晶体具有闪锌矿结构（zb-AlP），呈现深灰色或深黄色。300 K 条件下晶格参数为 5.4510 Å。AlP 能一直稳定到 1000 °C。zb-AlP 是间接带隙半导体，其带隙宽带为 2.45 eV[1]。AlP 在工业上能用作发光二极管材料[2]，AlP 也能与 InP 形成在Ⅲ-Ⅴ族化合物异质外延技术中有着重要用途的三元固溶体 $Al_xIn_{1-x}P$ 材料[3]。

本章首先采用粒子群算法预测出 3 种具有高密度和较高硬度的 AlP 高压相。第一性原理计算证明了这 3 种结构的稳定性，同时力学性质的研究发现这些结构硬度都优于高压相 NiAs-AlP。电子性质的计算表明它们分别具有导电性，直接带隙半导体和间接带隙半导体属性。

5.2 计算方法

采用晶体结构搜索程序包 CALYPSO[4~6]对 AlP 进行结构搜索。CALYPSO 随机产生第一代结构，后续通过粒子群算法结合第一性原理计算程序 VASP[7, 8]等来快速优化得到给定条件下能量最低的若干结构。该方法仅需给定组分和外界条件（如压力）的情况下预测出最稳定的结构。其中通过粒子群算法产生的结构在每一代结构中占比为 60%，每一代群体数和总体代数都是 50。

CALYPSO 产生结构的筛选工作在 CASTEP 程序[9, 10]中进行。筛选工作主要结构优化和稳定性分析等挑选出可能稳定存在的结构。交换关联式采用 GGA-PBE 泛函。USPP 被用来描述 Al（$3s^2 3p^1$）和 P（$3s^2 3p^3$）的电子结构。采用一种能快速获取低能量状态的算法（BFGS）[11]来优化指定压力下的结构。整个计算过程中为了保证体系总能量的收敛精度达到 1 meV，平面波截断能设置为 450 eV，布里渊区采样网格采用 $2\pi \times 0.04$ Å^{-1}来划分[12]。在结构优化的过程中，energy、force、stress 和 displacement 的收敛精度必须达到默认的 ultrafine 标准。计算结构的弹性常数过程中最大应变设置为 0.003，应变共 9 步。为了检验优化后结构的动力学稳定性，在 Phonopy[13]程序中采用冻结声子法对结构整个布里渊区的声子散射（phonon dispersion spectra）进行了研究。其中采用的 $2 \times 1 \times 1$ 超胞来计算弹性力学常数。

5.3 晶体结构及布里渊区

5.3.1 晶体结构

除了 wz-AlP、zb-AlP、rs-AlP、NiAs-AlP、β-Sn-AlP、CsCl-AlP 和 Cmcm-AlP，找到了 3 个新的 AlP 相。第一个结构空间群为 $I\bar{4}3d$，是体心立方结构，单胞含有 24 个原子，这里命名为 cI24-AlP。其室压下结构如图 5-1（a）所示，所有的原子都是四配位，且 4 个配位原子形成标准的四面体 $[AlP_4]/[PAl_4]$。所有的 Al—P 键键长均为 2.397 Å，四面体的棱长均为 3.662 Å。第二个结构空间群为 $R\bar{3}m$，属于三方晶系，单胞含 18 个原子，这里命名为 hR18-AlP。室温室压下 hR18-AlP 结构如图 5-1（b）所示。所有的原子都是 6 配位的。在 hR18-AlP 结构中，上下两部分关于中间原子层（标注黑粗线）成晶面反转对称。因此取上半

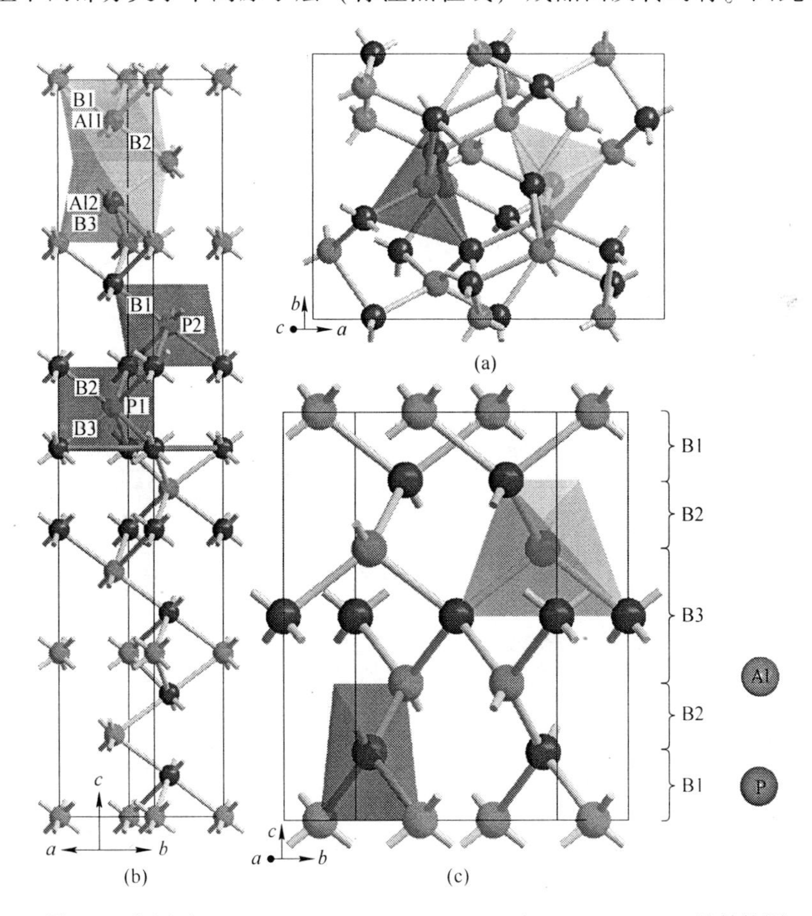

图 5-1 室压下 cI24-AlP（a）、hR18-AlP（b）和 oC12-AlP（c）的结构图

部分结构进行说明。根据原子的占位坐标不同，所有的 Al 和 P 原子可以分为两类，Al1/Al2 和 P1/P2。其中 Al 原子的配位原子形成的配位多面体是八面体。在 Al1 为中心原子的八面体中，含有两类键，上下各三根，B1/B2（2.537 Å/2.528 Å）；在 Al2 为中心原子的八面体中，只含有一类键 B3，键长均为 2.524 Å。以 P 原子为中心原子的配位体在图 5-1 中以靛蓝色表示，其中 P2 为中心原子的配位体中所有 Al—P 键相同，同属于 B1；而以 P1 原子为中心的配位体中含有两类 Al—P 键，即为 B2 和 B3。最后一个新结构空间群为 C222，是 C-centered 的正交晶系，单胞中含有 12 个原子，这里命名为 oC12-AlP。其室压下的结构如图 5-1（c）所示。所有的原子都是 4 配位的，4 个配位原子形成的配位四面体［AlP_4］/［PAl_4］。在该结构中，存在三类 Al—P 化学键，即 B1（2.416 Å）、B2（2.405 Å）和 B3（2.403 Å）。

Cmcm 结构存在于一些ⅢA-ⅤA 和ⅡB-ⅥA 化合物的高压相中，该结构可以看作是 rs 结构的正交晶系变种[14, 15]。在室压下优化 Cmcm-AlP，这种结构变形会消失，从而导致 Cmcm 结构变为 rs 结构，然而当外界压力达到 4 GPa 时，Cmcm-AlP 能够保持其原始的结构对称性。在此次研究中，分析了 wz-AlP[16]、zb-AlP、rs-AlP、NiAs-AlP 和 CsCl-AlP 等多种 AlP 多型体。

表 5-1 给出了结构的基础信息（空间群，群号，晶格参数，密度和占位坐标（A. W. P.）等）。基于优化后的结构，发现室压下，cI24-AlP、hR18-AlP 和 oC12-AlP 分别比 zb-AlP 密度高约 4.1%，28.5%和 12.2%。

表 5-1　3 种新型 AlP 结构的基本信息

类型	空间群 SG	SGN	晶格参数/Å			晶胞体积 $V/Å^3$	密度 ρ /g · cm^{-3}
			a	b	c		
cI24-AlP	$I\bar{4}3d$	220	7.83	—	—	480.057	2.406
	原子占位坐标 A. W. P.						
	Al 12a（0.125 0.000 0.750）；P 12b（0.000 0.250 0.875）						
hR18-AlP	$R\bar{3}m$	166	3.60	—	25.99	291.320	2.970
	原子占位坐标 A. W. P.						
	Al1 6c（0.667 0.333 0.944）；Al2 3b（0.333 0.667 0.167） P1 6c（0.000 0.000 0.222）；P2 3a（0.000 0.000 0.000）						
oC12-AlP	C222	21	3.80	6.67	8.77	222.485	2.595
	原子占位坐标 A. W. P.						
	Al1 4k（0.250 0.750 0.167）；Al2 2d（0.000 0.000 0.500） P1 4k（0.250 0.750 0.665）；P2 2b（0.500 0.000 0.000）						

5.3.2 布里渊区

晶体的倒易空间由其自身结构决定，此次研究中提出的3种新型AlP结构分为三类：（1）体心立方晶系，如cI24-AlP，单胞的倒易空间为立方体，如图5-2（a）所示，三条细线 $g1$、$g2$ 和 $g3$ 代表倒易空间3个基矢，其中 $g1$、$g2$ 和 $g3$ 三者相互垂直，图中黑色粗线所构成区域即为其布里渊区，其路径为 $X(1/2, 0, 0)$

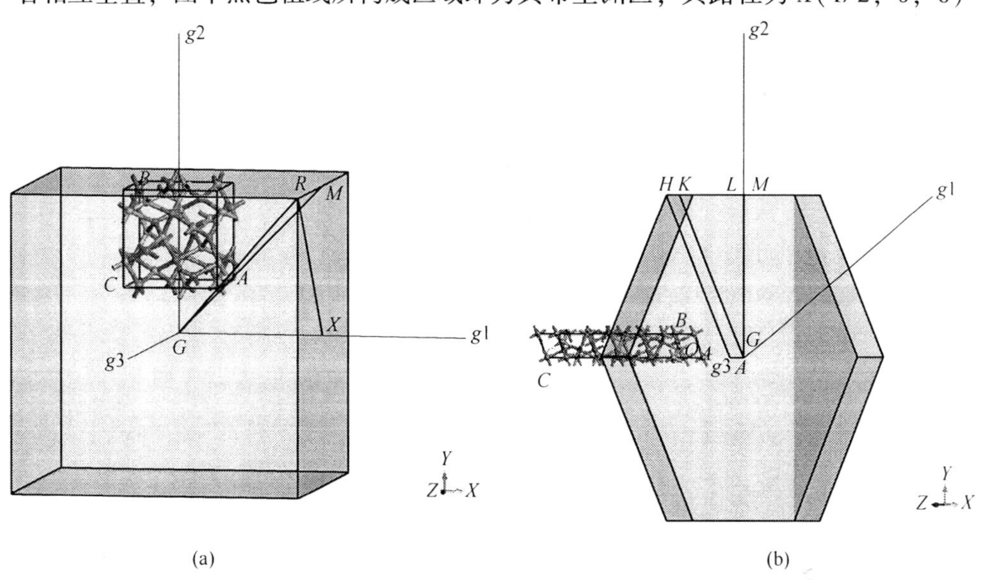

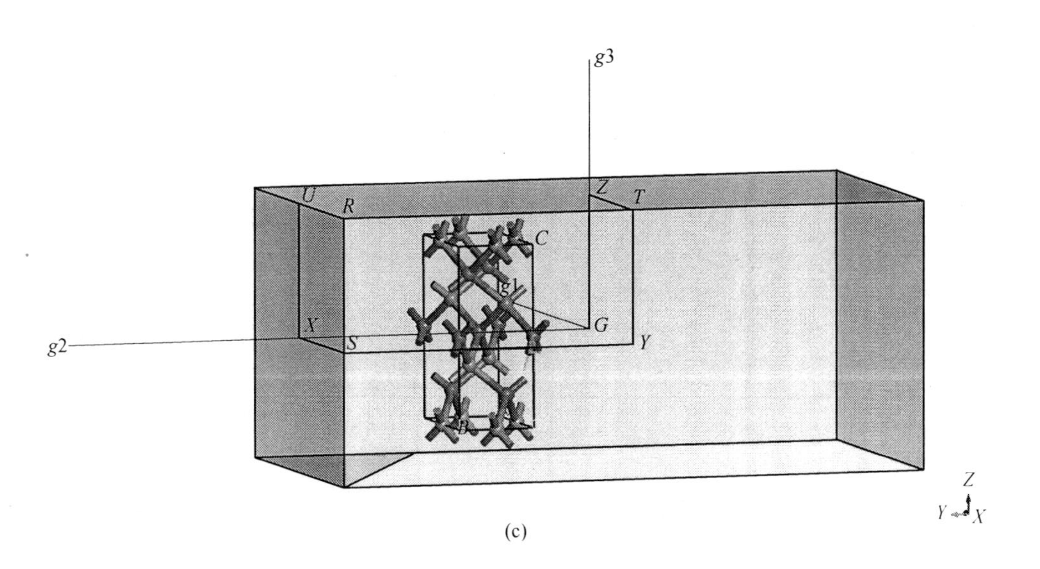

图5-2 3种新型AlP结构单胞的倒易空间和布里渊区

（a）cI24-AlP；（b）hR18-AlP；（c）oC12-AlP

→R(1/2, 1/2, 1/2)→M(1/2, 1/2, 0)→G(0, 0, 0)→R(1/2, 1/2, 1/2);（2）三方晶系的 hR18-AlP，其单胞的倒易空间为平行于 Z 轴的上下两面为六边形构成的板状多面体，分别如图 5-2（b）所示，三条细长线（$g1$、$g2$ 和 $g3$）代表倒易空间 3 个基矢，其中 $g3$ 同时垂直于 $g2$ 和 $g1$，$g2$ 和 $g1$ 二者夹角为 60°，图中黑色粗线所构成区域即为其布里渊区，其路径为 G(0, 0, 0)→A(0, 0, 1/2)→H(-1/3, 2/3, 1/2)→K(-1/3, 2/3, 0)→G(0, 0, 0)→M(0, 1/2, 0)→L(0, 1/2, 1/2)→H(-1/3, 2/3, 1/2)；（3）正交晶系的 C12-AlP，其单胞的倒易空间为柱体，如图 5-2（c）所示，三条细长线（$g1$、$g2$ 和 $g3$）代表倒易空间 3 个基矢，其中 $g1$、$g2$ 和 $g3$ 三者相互垂直，图中黑色粗线所构成区域即为其布里渊区，其路径为 G(0, 0, 0)→Z(0, 0, 1/2)→T(-1/2, 0, 1/2)→Y(-1/2, 0, 0)→S(-1/2, 1/2, 0)→X(0, 1/2, 0)→U(0, 1/2, 1/2)→R(-1/2, 1/2, 1/2)。

5.4　稳定性分析

5.4.1　弹性力学稳定性

晶体结构的弹性力学稳定性可以通过其独立弹性常数来判断[17~19]。对于立方晶系，存在 3 个独立弹性常数（C_{11}，C_{44}和 C_{12}），须满足第 4 章有关立方晶系稳定性判据公式（4-1）。对于正交晶系，存在 6 个独立弹性常数（C_{11}，C_{33}，C_{44}，C_{66}，C_{12}和 C_{13}），须满足第 3 章有关正交晶系稳定性公式（3-1）。对于具有 Laue class $\bar{3}m$ 的三方晶系，存在 6 个独立弹性常数（C_{11}，C_{33}，C_{44}，C_{12}，C_{13}和 C_{14}），弹性力学稳定性须满足：

$$C_{11} > |C_{12}|;\ (C_{11}+C_{12})C_{33} > 2C_{13}^2;\ (C_{11}-C_{12})C_{44} > 2C_{14}^2 \tag{5-1}$$

计算得到的各结构的独立弹性常数列在表 5-2 中，依据稳定性判据，发现室压下 3 种结构都符合弹性力学稳定性。

表 5-2　cI24-AlP、hR18-AlP 和 oC12-AlP 的独立弹性常数 C_{ij}　　(GPa)

类型	C_{11}	C_{22}	C_{33}	C_{44}	C_{55}	C_{66}	C_{12}	C_{13}	C_{23}	C_{14}
cI24-AlP	125.7	—	—	43.5	—	—	62.8	—	—	—
hR18-AlP	168.2	—	176.8	41.9	—	51.0	66.3	68.0	—	-0.5
oC12-AlP	152.2	145.8	179.1	59.7	45.9	46.7	51.8	52.1	59.8	—

5.4.2 动力学稳定性

一般通过特定环境条件下研究声子散射谱有无虚频的存在来判断该凝聚态物质结构的动力学稳定性。图 5-3 展示的是 cI24-AlP、hR18-AlP 和 oC12-AlP 3 种结构的单胞模型在室压下的整个布里渊区声子散射谱和相应的声子态密度。无论声子散射谱还是声子态密度都没有发现虚频，这证明了 3 种结构在室压下的动力学稳定性。

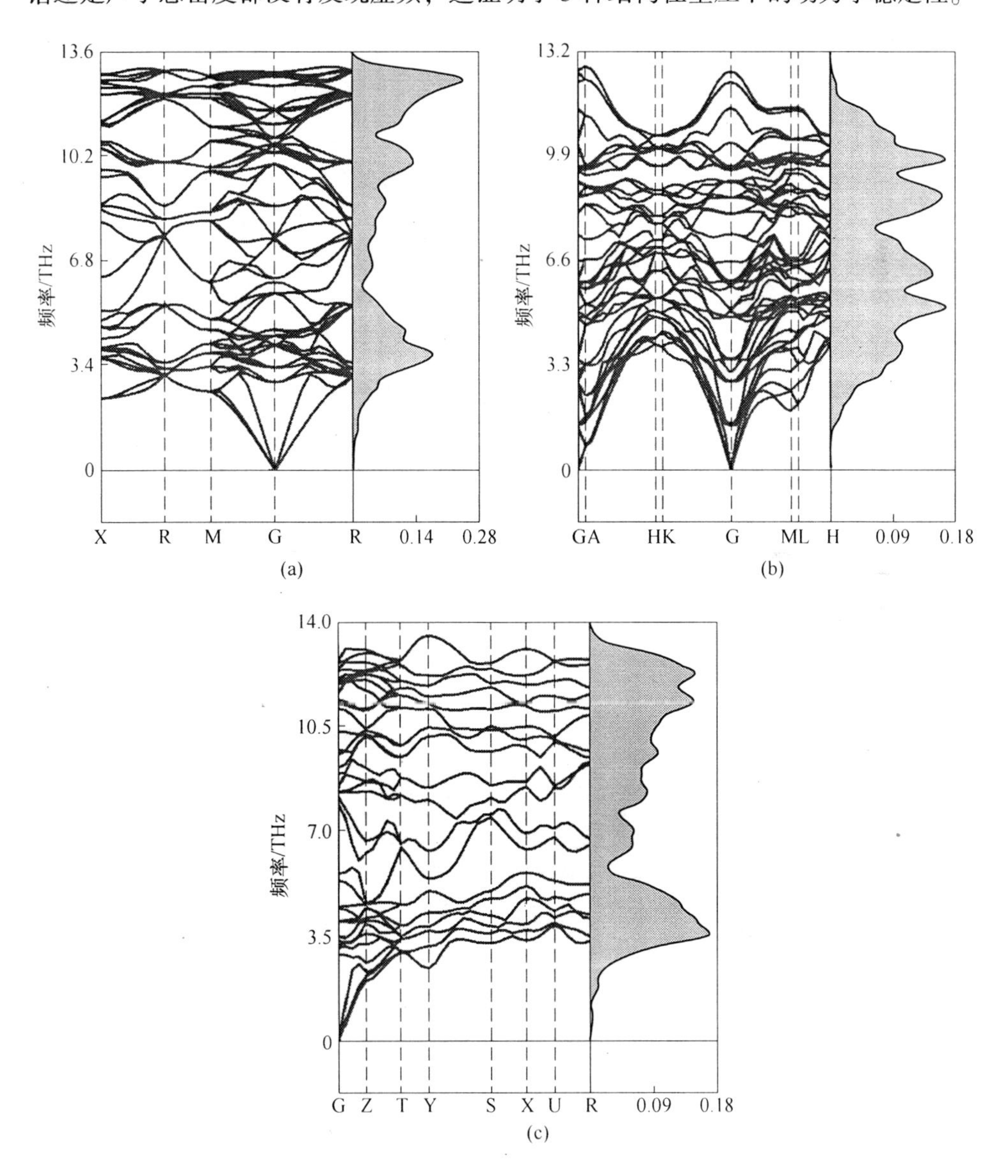

图 5-3 cI24-AlP（a）、hR18-AlP（b）和 oC12-AlP（c）的单胞声子散射谱（左侧）和声子态密度（右侧）

此外，研究发现 cI24-AlP、hR18-AlP 和 oC12-AlP 三种结构在室压下均有较大的最高声子振动频率 ω_{max}，分别为 13.10 THz、12.72 THz 和 13.54 THz。鉴于声子振动频率与凝聚态物质中原子相互作用力相关，即受键能强弱影响，对比了具有相同结构类型的 cI24-AlN 和 cI24-AlP，cI24-AlN 的 ω_{max} 约为 24.6 THz，显著高于 cI24-AlP 的 ω_{max}，这表明 Al—P 的键能较 Al—N 的键能要弱很多。

5.5　高压相变

压力作为一个重要的物理变量，显著地影响着材料的性质。采用高压技术研究凝聚态材料是一个有趣的领域。

AlP 多种晶体结构相对于 zb 结构的焓差随压力变化（0~100 GPa）关系如图 5-4 所示。可见在室压下，zb-AlP 是目前所有 AlP 多型体中能量最低也即最稳定的结构。此外，cI24-AlP、hR18-AlP 和 oC12-AlP 在室压下能量比 β-Sn-AlP（分别低 1.228 eV、1.143 eV、1.163 eV）和 CsCl-AlP（分别低 0.979 eV、0.895 eV、0.914 eV）低，其中 cI24-AlP 甚至比 NiAs-AlP 还低 0.054 eV。在 0~100 GPa，3 种新型 AlP 结构都是压力驱动相。为了验证计算的准确性，此处又详细研究了前期实验和理论提到过的 AlP 物相及其相变，如图 5-5 所示。在加压过程中，zb-AlP会在 9.3 GPa 失稳变为 NiAs-AlP，继续加压到 47.6 GPa，AlP 结构变为 Cmcm 型，进一步加压直到 77.7 GPa，Cmcm-AlP 结构转变为 CsCl-AlP 结构，相变序列和相变压力跟先前研究值吻合得很好[3, 20~22]，这证明了能量计算与相变研究的准确性。通过焓压曲线研究，发现 cI24-AlP、hR18-AlP 和 oC12-AlP 分别在 55.2 GPa、9.9 GPa 和 20.6 GPa 转变为 zb-AlP。

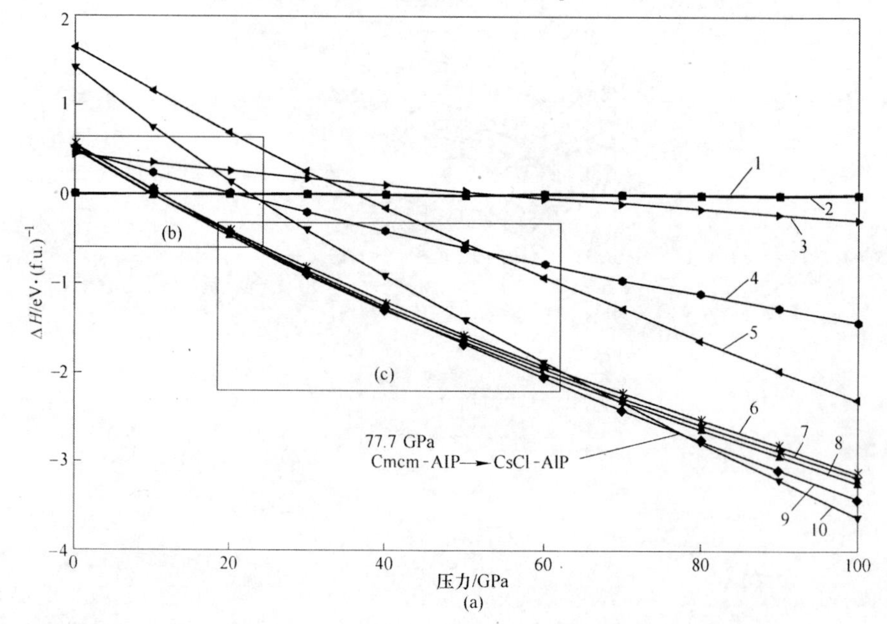

(a)

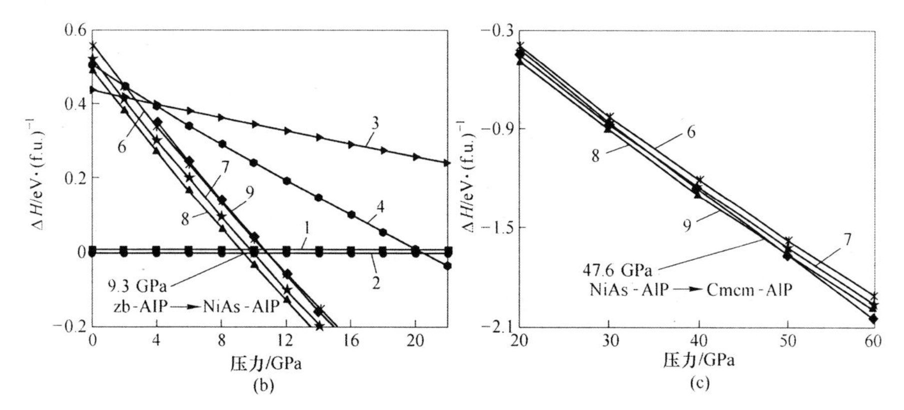

图 5-4 AlP 各相相对于 zb 结构的焓压图（a）和图（a）中选定区域的放大图（b），（c）

1—wz-AlP；2—zb-AlP；3—cI24-AlP；4—oC12-AlP；5—β-Sn-AlP；6—rs-AlP；

7—hR18-AlP；8—NiAs-AlP；9—Cmcm-AlP；10—CsCl-AlP

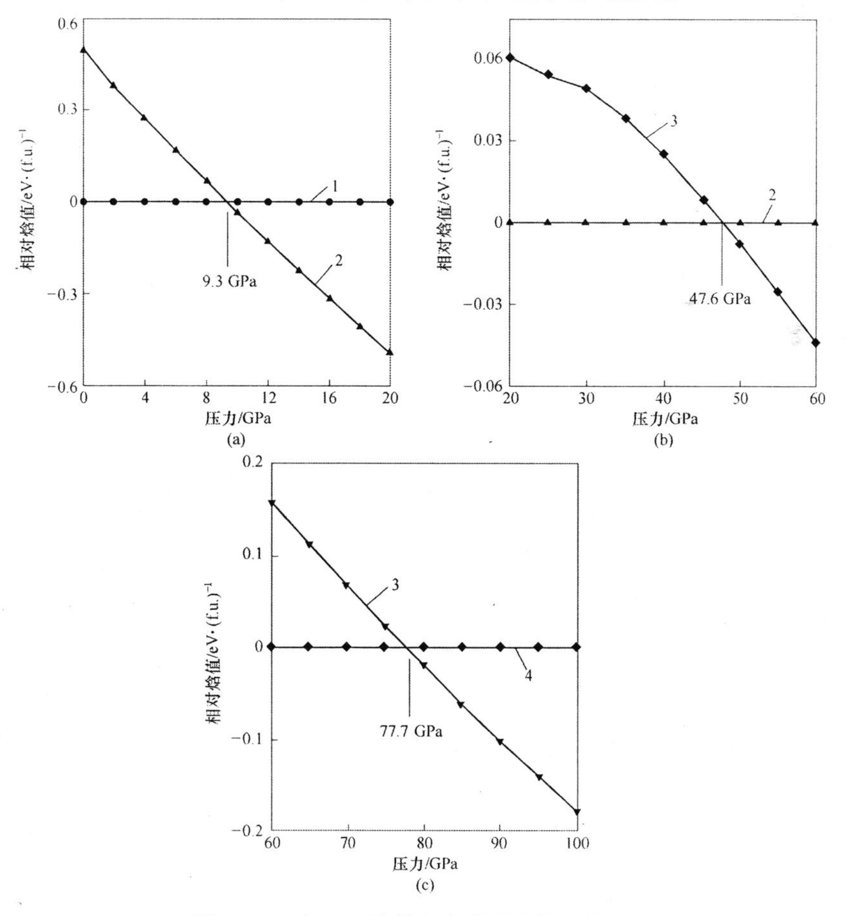

图 5-5 已知 AlP 结构相变关系时的三个相变

（a）zb-AlP →NiAs-AlP；（b）NiAs-AlP →Cmcm-AlP；（c）Cmcm-AlP →CsCl-AlP

1—zb-AlP；2—NiAs-AlP；3—Cmcm-AlP；4—CsCl-AlP

5.6　力学性质

5.6.1　BM 状态方程

Birth-Murnaghan 状态方程（BM-EOS）是研究凝聚态物质体积随压力变化关系的经典方程，此处用 BM-EOS[23] 拟合 3 种新结构 AlP 和室压最稳定结构 zb-AlP 在不同压力条件下的体积，拟合公式见第 3 章公式（3-2）。拟合曲线如图 5-6 所示，图中内插表给出的是拟合得到的 B_0、B'_0 和 V_0 数值。从图 5-6 可以看出，hR18-AlP 室压下具有最小的分子式体积 V_0，也即该结构最为致密。一般而言致密度越高的结构，其平衡态体积模量 B_0 也就越大。此外，zb-AlP、cI24-AlP 和 oC12-AlP 三者具有较为接近的 V_0，三者的体积模量也非常接近。

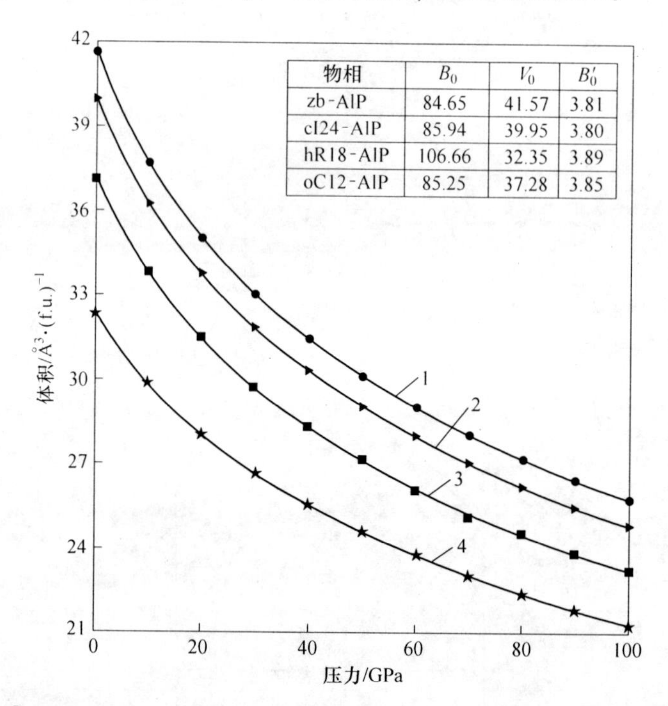

图 5-6　zb-AlP、cI24-AlP、hR18-AlP 和 oC12-AlP 的压力体积关系图

（其中分散几何图标和实线分别代表采样的数值对和拟合的结果，BM-EOS 的拟合数值（B_0(GPa)、V_0(Å^3/f. u.)、B'_0）列在内插表中）

1—zb-AlP；2—cI24-AlP；3—oC12-AlP；4—hR18-AlP

5.6.2　模量与硬度

基于计算所得 AlP 多型体的各晶体结构的弹性常数 C_{ij} 以及 Voigt-Reuss-Hill

关系[24]，具体见第 2 章力学性质版块公式（2-8），可以得到 Hill 形式的体积模量 B 和剪切模量 G。进一步根据公式（2-9），可以获取相应结构的杨氏模量 E 和泊松比 σ。随后基于陈星秋研究员的经验公式[25]，见第 2 章公式（2-11），计算了不同结构 AlP 物相的维氏硬度 HV。

表 5-3 列出了计算得到的 AlP 多晶体的 B、G、E、σ、κ 和 HV。通过 C_{ij} 计算得到的 B 值与 BM-EOS 拟合得到的值一致，这也证明了理论计算的准确性。众所周知，B 和 G 能反应材料的硬度，B 代表材料在加载过程中抵抗体积变形的能力，G 代表材料在剪切应力作用下抵抗形变的能力[26, 27]。从表 5-3 可以看出，oC12-AlP 有着最大的 G，意味着它具有比其他结构更好的抵抗剪切形变的能力。一般而言，E 反映材料的坚硬程度，E 越大材料越坚硬。不难看出 oC12-AlP 是一种硬质材料。硬度的计算更是直观地表明了 oC12-AlP 是所有研究 AlP 多型体中硬度最大的，而 NiAs-AlP 是硬度最小的。oC12-AlP 硬度比 NiAs-AlP 的硬度高 59.4%，也比 zb-AlP 的硬度高约 4.6%。所有提出来的新结构都比 NiAs-AlP 的硬度高，它们的存在丰富了 AlP 化合物的硬度，也拓展了 AlP 在工业中的潜在应用。

表 5-3　AlP 多晶体的体积模量 B、剪切模量 G、杨氏模量 E、泊松比 σ、κ 和维氏硬度 HV

类型	B/GPa	G/GPa	E/GPa	σ	κ	HV/GPa
wz-AlP	81.84	46.89	118.11	0.26	0.57	7.45
zb-AlP	82.01	47.28	118.98	0.26	0.58	7.54
NiAs-AlP	101.99	34.06	91.94	0.35	0.33	3.21
cI24-AlP	82.78	38.11	99.12	0.30	0.46	5.01
hR18-AlP	101.94	47.42	123.16	0.30	0.47	5.92
oC12-AlP	89.02	51.01	128.49	0.26	0.57	7.90

5.6.3 弹性各向异性

弹性各向异性在工程应用和科学研究中扮演着重要角色。剪切各向异性指数被广泛用来表征不同平面间化学键的各向异性程度[28]。剪切各向异性指数 A_1、A_2 和 A_3 分别代表剪切面（1 0 0）在〈0 1 1〉和〈0 1 0〉方向上，（0 1 0）在〈1 0 1〉和〈0 0 1〉方向上，（0 0 1）在〈1 1 0〉和〈0 1 0〉方向上的各向异性程度。

$$A_1 = 4C_{44}/(C_{11} + C_{33} - 2C_{13});\ A_2 = 4C_{55}/(C_{22} + C_{33} - 2C_{23});$$
$$A_3 = 4C_{66}/(C_{11} + C_{22} - 2C_{12}) \tag{5-2}$$

对于立方晶系，
$$A = A_1 = A_2 = A_3 = 2C_{44}/(C_{11} - C_{12}) \tag{5-3}$$

对于三方晶系，

$$A_1 = A_2 = 4C_{44}/(C_{11} + C_{33} - 2C_{13})；A_3 = 2C_{66}/(C_{11} - C_{12}) \quad (5\text{-}4)$$

各向同性的 A_1、A_2 和 A_3 值为 1。任何偏离 1 的值意味着剪切各向异性程度。压缩各向异性百分比 A_B 和剪切各向异性百分比 A_G 可通过式（5-5）计算。

$$A_B = (B_V - B_R)/(B_V + B_R)；A_G = (G_V - G_R)/(G_V + G_R) \quad (5\text{-}5)$$

B 和 G 分别代表体积模量和剪切模量，下标 V 和 R 代表对应的 Voight 和 Reuss 形式数值[18,29~31]。A_B 和 A_G 取值为 0 时意味着弹性各向同性，数值 1 则意味着最大程度的各向异性。

表 5-4 列出了计算得到的 3 种新结构的 A_1、A_2、A_3、A_B 和 A_G。其中 hR18-AlP 在（0 0 1）剪切面具有弹性各向同性，在（1 0 0）/(0 1 0）剪切面具有弹性各向异性。所有结构的剪切面中各向异性最大的是 cI24-AlP 的（0 0 1）面。hR18-AlP 和 cI24-AlP 具有最小的 A_B，cI24-AlP 具有最大的 A_G。

表 5-4　3 种新结构 AlP 的体积模量（B_V、B_R）、剪切模量（G_V、G_R）、剪切各向异性指数（A_1、A_2、A_3）和各向异性百分比（A_B、A_G）

类型	B_V	B_R	G_V	G_R	A_B	A_G	A_1	A_2	A_3
cI24-AlP	83.7	83.7	38.7	37.7	0	0.013	1.384	—	—
hR18-AlP	103.0	103.0	48.9	48.4	0	0.005	0.801	—	1
oC12-AlP	88.2	87.5	49.4	48.6	0.004	0.008	0.907	0.770	0.914

5.7　热学性质

利用线性响应机制，通过总能量的二阶导数来确定布里渊区沿不同路径点的声子振动谱[32]的方法即晶格动力学的研究方法，晶格动力学的声子解释已成功地用于描述实际晶体的热学性质及现象，如自由能 G、熵 S、焓 H、比热 C_V 和德拜温度 Θ_D 等热学性质。

5.7.1　零点振动能

计算所得室压下 3 种新型 AlP 结构各单胞的声子散射谱和声子态密度如图 5-3所示，并用于评估准谐近似下热学性质与温度之间的关系。零点振动能 E_{zp} 计算如第 2 章热学性质版块公式（2-13）所示。这里为了规避晶胞所含分子式数目不同导致质量差异并进而影响能量的分析，将零点振动能归一到单个分子式 AlP。通过计算，发现在 3 种新型 AlP 结构中，cI24-AlP 有着最大的 E_{zp}（102.89 meV），紧随其后的是 oC12-AlP（E_{zp} = 99.73 meV），而 hR18-AlP 有着最小的 E_{zp}（86.72 meV）。三者 E_{zp} 的大小顺序与 BM 状态方程拟合所得分子式体积 V_0 的大小顺序完全一致，这可能是零点振动受凝聚态材料的结构致密度影响导致：分子式体积越小，致密度越高，整体振动越弱。

5.7.2 热力学物理量

热力学相关物理量如振动熵 S、焓 H、吉布斯自由能 G 与温度 T 之间的关系均可以通过基于声子振动的晶格动力学分析而获取[33]，具体方法参见第 2 章热力学物理量版块公式（2-14）~式（2-16）。

计算得到 3 种新型磷化铝（cI24-AlP、hR18-AlP 和 oC12-AlP）的焓 H、吉布斯自由能 G、振动熵 S 等热力学函数与温度 T 的关系如图 5-7 所示。为了统一能量单位，便于比较，图 5-7 中熵以与温度的乘积 $T\times S$ 的形式给出。研究发现，3

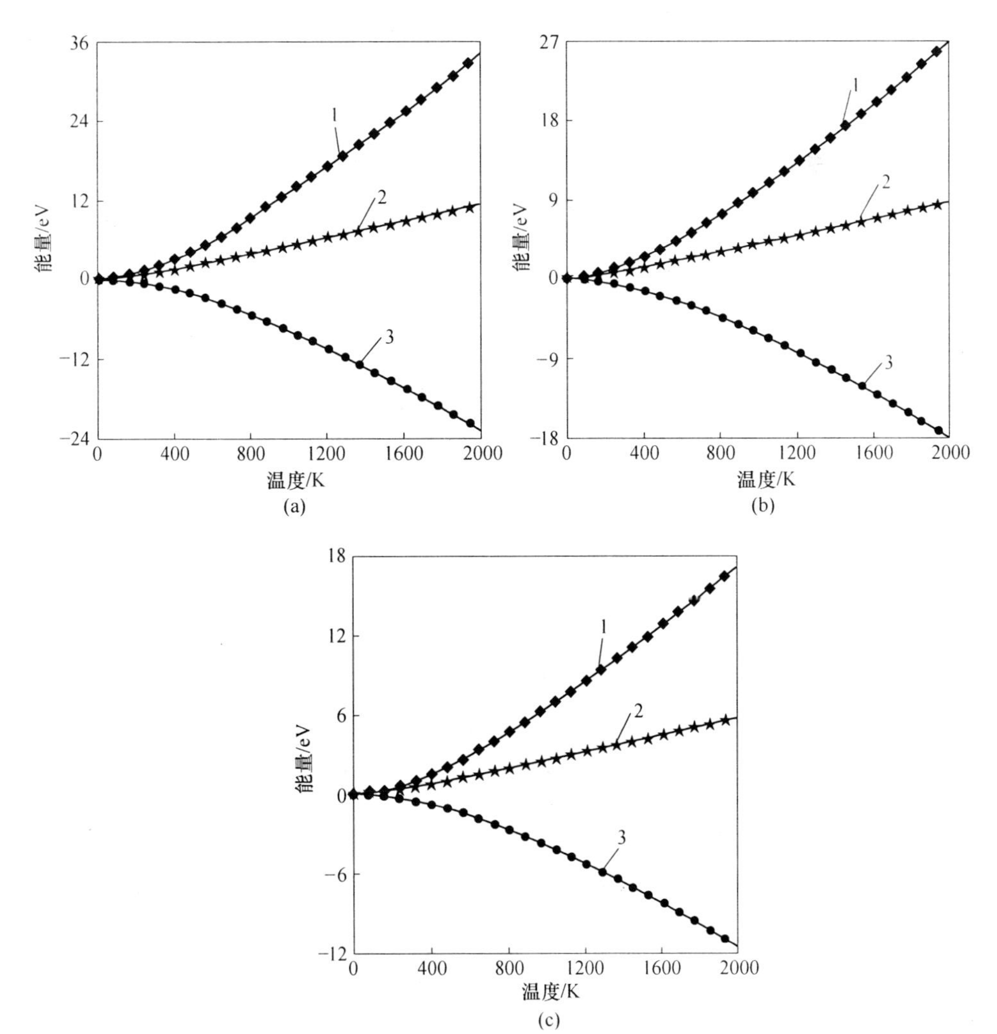

图 5-7 计算所得新型 AlP 的焓 H、吉布斯自由能 G、振动熵 S 等热力学函数与温度 T 之间的关系

(a) cI24-AlP；(b) hR18-AlP；(c) oC12-AlP

1—$T\times S$；2—H；3—G

种新型 AlP 结构的热力学函数 H、G、S 与 T 之间均符合热力学公式 $G=H-T\times S$。此外，3 种新型 AlP 结构的热力学函数（H、G 和 S）之间均近似满足 cI24-AlP：hR18-AlP：oC12-AlP=4：3：2 的比例关系，即与单胞含 AlP 分子式数呈比例关系。以每分子式 AlP 所对应的能量来比较，发现归一化后的自由能 G 最低者为 hR18-AlP，oC12-AlP 与 cI24-AlP 具有相近的自由能 G，只是 oC12-AlP 的自由能要比 cI24-AlP 的自由能稍低，即具有相对致密结构的 hR18-AlP 的自由能比 oC12-AlP 与 cI24-AlP 的自由能更低，即更稳定。

5.7.3　定容比热容

基于第 2 章公式（2-18），研究了 3 种新型 AlP 多型体的定容比热容 C_V 随温度 T 的变化关系。如图 5-8 所示，3 种新型 AlP 结构的定容比热容 C_V 都依次经历低温段（0～200 K）急速上升、中温段（200～500 K）快速上升、高温段（>500 K）缓慢变化趋近极限值的过程。计算出的 3 种新型 AlP 结构的定容比热容 C_V 在高温段的比值近似等同于其单胞中所含 AlP 分子式数的比值（cI24-AlP：hR18-AlP：oC12-AlP=4：3：2）。经过单位换算，可以发现在高温范围内，每 AlP 分子式所对应的定容比热容 C_V 趋近于双原子化合物的杜隆-珀替极限值 $6R$（$R=8.314$ J/(K · mol)）；在低温范围内，定容比热容 C_V 正比于 $(T/\Theta_D)^3$，尤其是接近 0 K 时，比例效果更明显。

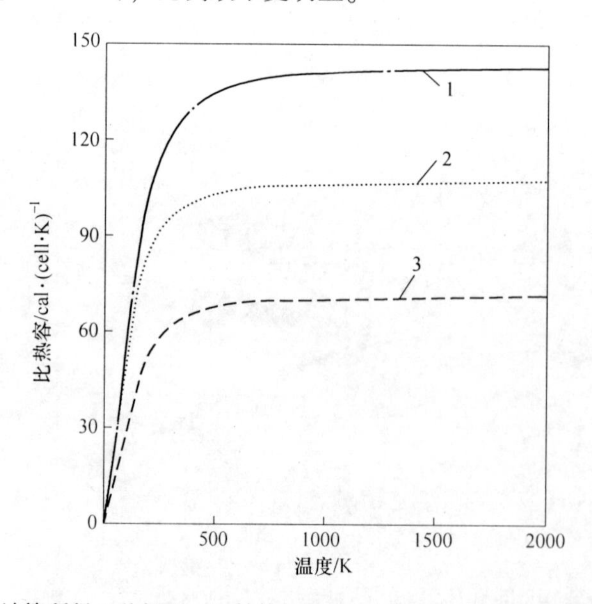

图 5-8　计算所得 3 种新型 AlP 结构的定容比热容 C_V 与温度 T 之间的关系

1—cI24-AlP；2—hR18-AlP；3—oC12-AlP

5.7.4 德拜温度

德拜温度 Θ_D 在材料应用分析及筛选中有非常重要的作用，德拜温度可以从低温比热测量中得以精确确定。因此，德拜温度 Θ_D 在某一温度 T 下的具体数值，可以通过第 2 章公式（2-18）计算得到真实的定容比热容 C_V，然后代入第 2 章公式（2-19）中求出德拜温度 Θ_D。

模拟 3 种 AlP 新结构的德拜温度 Θ_D 随温度 T 的关系，如图 5-9 所示。针对工业生产和日常生活的应用温度范围，分析了 3 种新型 AlP 结构在室温及以上情况的德拜温度 Θ_D，发现三者的 Θ_D 遵循 cI24-AlP>oC12-AlP>hR18-AlP 的顺序。对于 cI24-AlP、oC12-AlP 和 hR18-AlP 三者，在高温下德拜温度 Θ_D 的模拟极限值分别为 559.7 K、540.4 K 和 459.6 K；而在室温温度（300 K）下，三者的德拜温度 Θ_D 分别为 551.3 K、532.8 K 和 456.3 K。可以看出，室温下 3 种 AlP 新结构的德拜温度与高温非常接近，即 3 种 AlP 新结构在室温及以上温度段内的德拜温度近乎保持一致。

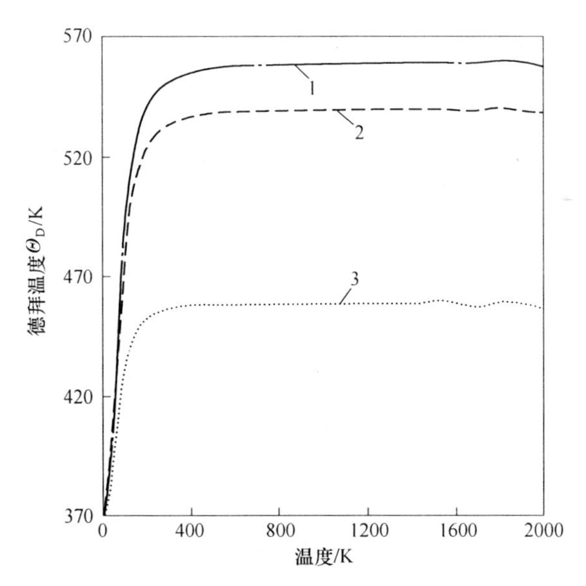

图 5-9 计算所得 3 种新型 AlP 结构的德拜温度 Θ_D 与温度 T 之间的关系

1—cI24-AlP；2—oC12-AlP；3—hR18-AlP

5.8 电学性质

5.8.1 室压电学性质

室压下基于 AlP 多种晶体结构的原胞为模型，计算所得各多型体的电子能带结构如图 5-10 所示。依据电子能带结构图可将所研究的 AlP 多型体分为三类：(1) NiAs-AlP 和 hR18-AlP 具有良好的导电性（存在能带穿越费米能级）；(2) wz-AlP、zb-AlP 和 oC12-AlP 是间接带隙半导体（导带最低点和价带最高点分别有不同的高对称性路径点），三者带隙宽度分别为 1. 924 eV、1. 598 eV 和 0. 185 eV；(3) cI24-AlP 是具有直接带隙的半导体（导带最低点和价带最高点均位于高对称性路径点 *G* 点上），其带隙宽度达到 1. 115 eV。计算得到的 zb-AlP 带隙宽度跟其他理论研究值 1. 57 eV 非常接近[34]，大概是实验测量带隙值 2. 5 eV[35] 的 64%。一般而言，基于 GGA 及 LDA 等密度近似的密度泛函理论相较于实验所测值会偏低 30%～40%。

鉴于 GGA 算法所得电子能带结构存在低估带隙的现象，甚至有可能将窄带隙半导体误判为具有导电性的材料，因此有必要采用更加精确的杂化泛函 HSE06 来计算新型 AlP 结构的电学性质。考虑到基于原胞计算 oC12-AlP 电学性质时发现价带最高点不在 *G* 点的不常见现象，此处采用单胞为模型来研究并做补充说

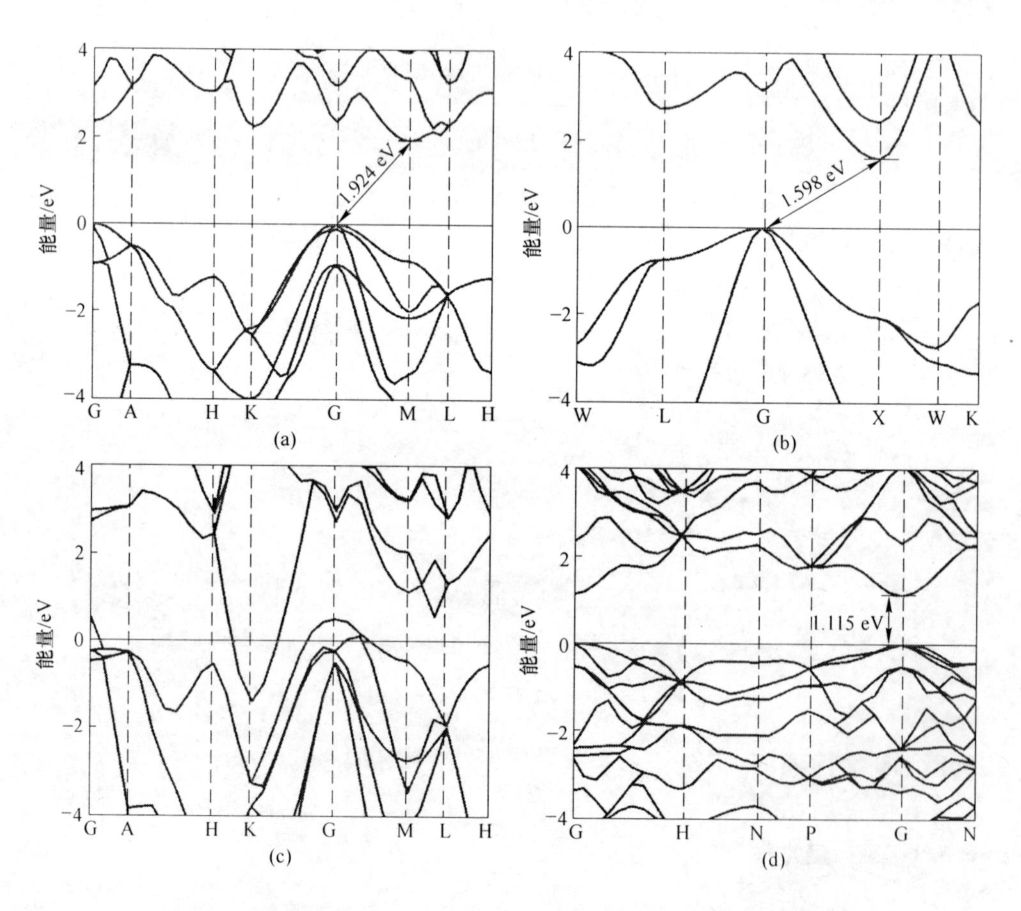

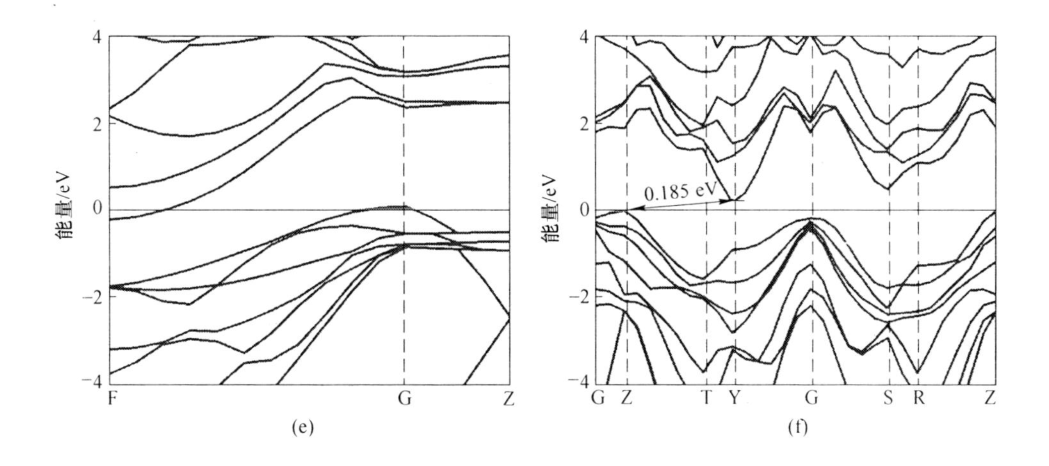

图 5-10 室压下基于 AlP 多型体原胞和 GGA 算法计算所得电子能带结构图
（黑色水平线代表费米能级）
（a）wz-AlP；（b）zb-AlP；（c）NiAs-AlP；（d）cI24-AlP；（e）hR18-AlP；（f）oC12-AlP

明。根据杂化泛函计算 AlP 单胞模型的可行性，计算并获得了 cI24-AlP 和 oC12-AlP二者单胞模型在室压下的电子能带结构及其相应的分波态密度，如图 5-11 所示。经研究发现，cI24-AlP 的价带最高点和导带最低点均位于 *G* 点，是具有带隙宽度为 1.773 eV 的直接带隙半导体。此外，基于单胞为模型计算所得 oC12-AlP 的电子能带结构中价带最高点依旧不位于 *G* 点而是 *Z* 点（与原胞为模型的情况一致），不过其导带最低点位于 *G* 点，带隙宽度也比 GGA 算法所得值更高（0.651 eV）。相关研究表明 oC12-AlP 确实为间接带隙半导体，其带隙宽度为 0.651 eV。

5.8.2 压力对电学性质的影响

鉴于压力对凝聚态材料物理性质的潜在影响，研究了若干 AlP 多型体结构在不同压力条件下的电子能带结构图的变化，以期进一步分析压力对其电学性质的影响。对于 NiAs-AlP 和 hR18-AlP 而言，无论是室压还是高压下均为零带隙的导电性物质，且随着压力增大，其电子能带结构中存在更多的能带越过费米能级并出现能带交叠，进而导致其电导率增大。

对于 wz-AlP、zb-AlP、cI24-AlP 和 oC12-AlP 四者而言，如图 5-12 所示，在压力的作用下原子间的间隙变小、电子重叠度加强，电子呈现“离域”特点，导致高压下带隙减小乃至金属化，与氢的金属化相似[36]。此外高压作用导致晶格参数变小，倒易空间和布里渊区变大，四者的电子能带结构的能带变宽，进而带隙减小。其中 oC12-AlP 室压下带隙较小，在压力作用下快速呈现零带隙特点，当压力高于 10.5 GPa 时带隙消失，呈现导电性。zb-AlP 和 cI24-AlP 也会在压力

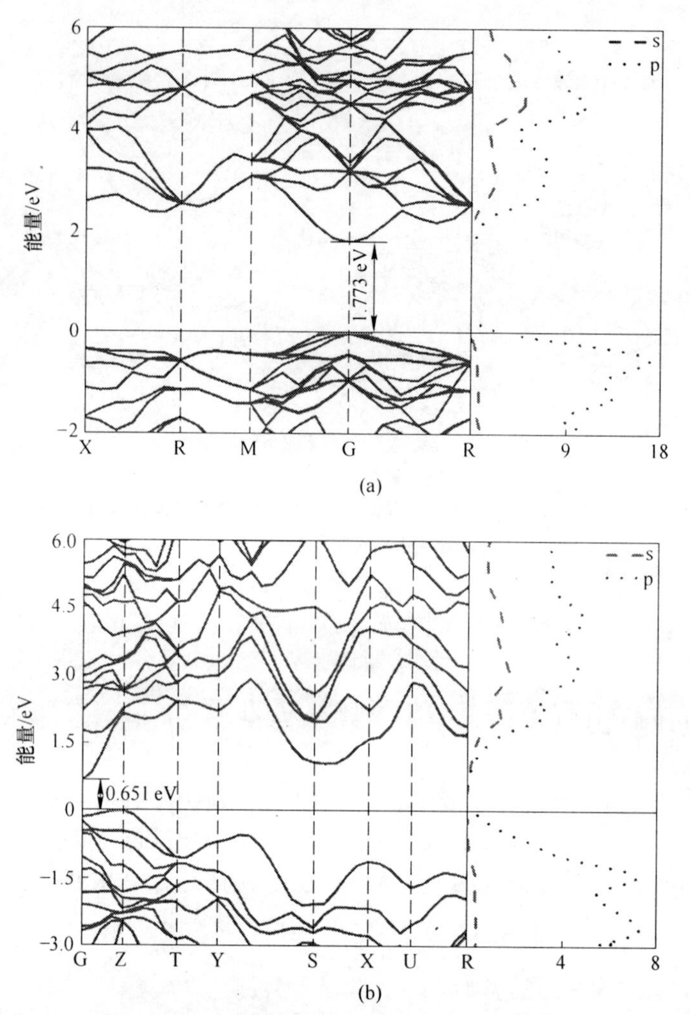

图 5-11　室压下基于 HSE06 泛函计算 cI24-AlP（a）和 oC12-AlP（b）单胞模型所得电子能带结构和分波态密度
（黑色水平线代表费米能级）

增大的过程中带隙减小，只是由于其室压下带隙相对较大，相应的带隙消失临界压力较高，分别为 125 GPa 和 60 GPa。wz-AlP 也会有随着压力增大而带隙消失的趋势（理论上 82 GPa 时带隙完全消失）。

5.8.3　带隙-压力变化趋势

纵观图 5-12，AlP 多型体的带隙与压力关系存在着 3 种不同的趋势。不同于 zb-AlP 和 cI24-AlP 等物相常见的内陷式变化趋势，wz-AlP 的带隙-压力关系呈现外凸式变化趋势，oC12-AlP 则呈现为近乎线性的关系。

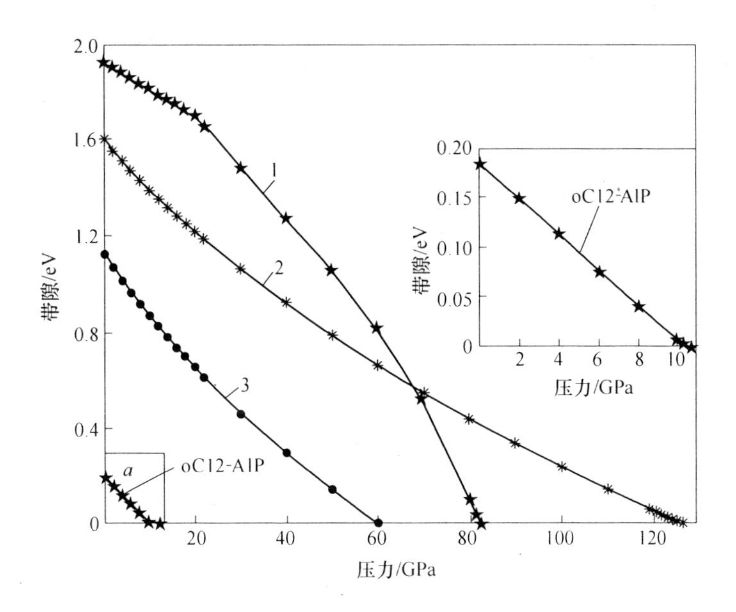

图 5-12 基于 GGA 算法所得 AlP 多型体的带隙-压力关系图

1—wz-AlP；2—zb-AlP；3—cI24-AlP

为了探究带隙-压力变化趋势不同的内在原因，详细研究了整个加压模拟过程中 zb-AlP、wz-AlP、cI24-AlP 和 oC12-AlP 四者的原子坐标（A. W. P.，atomic Wyckoff positions）的变化规律。其中 zb-AlP 在整个加压过程中优化构型所得原子坐标均未有改变，即 Al（0，0，0）和 P（1/4，1/4，1/4）保持不变。同样的情况也出现在 cI24-AlP 中，原子坐标在不同压力下均保持一致。至于 oC12-AlP，其原子坐标 A. W. P. 可表达为 Al1（0.25，0.75，v）、Al2（0，0，0.5）、P1（0.25，0.75，u）、P2（0.5，0，0），加压过程中弛豫构型后发现其原子位置有轻微改变，具体见表 5-5，A. W. P. 的轻微改变影响着化学键 Al—P 的键长变化及趋势，进而影响着电子云分布和带隙的变化趋势。对于 wz-AlP，其原子坐标 A. W. P. 可表达为 Al（1/3，2/3，v）、P（1/3，2/3，u），加压过程中原子坐标有着显著的改变，见表 5-6。简而言之，不同的原子坐标变化趋势导致了 wz-AlP 和 oC12-AlP 二者带隙-压力趋势的不同。

表 5-5 不同压力下对应 oC12-AlP 构型的原子坐标 A. W. P.（**Al1**（0.25，0.75，v），**Al2**（0，0，0.5），**P1**（0.25，0.75，u），**P2**（0.5，0，0））**数据**

压力/GPa	0	2	4	6	8	10
v	0.167257	0.167228	0.167208	0.167171	0.167139	0.167104
u	0.664753	0.664743	0.664748	0.664752	0.664765	0.664776

表 5-6　不同压力下对应 wz-AlP 构型的原子坐标
A. W. P.（Al（1/3, 2/3, v），P（1/3, 2/3, u））数据

压力/GPa	v	u	压力/GPa	v	u
0	0.500083	0.374918	50	0.501995	0.373006
10	0.500312	0.374688	60	0.503091	0.371909
20	0.500552	0.374448	70	0.504908	0.370092
30	0.500916	0.374084	80	0.508161	0.366839
40	0.501444	0.373556	90	0.514116	0.360884

5.9　本章小结

通过 CALYPSO 提出了 3 种 AlP 新相（cI24-AlP、hR18-AlP 和 oC12-AlP）。它们在室压下的能量比 CsCl-AlP 和 β-Sn-AlP 能量更低。独立弹性常数和声子散射谱的研究证明了 3 种新结构的稳定性。基于第一性原理的计算，cI24-AlP、hR18-AlP 和 oC12-AlP 都是压力驱动型结构，在一定的外界压力下能量比 zb-AlP 更具有优势。基于经验公式计算了 AlP 不同多晶型的维氏硬度，发现它们的硬度比 NiAs-AlP 高，其中 oC12-AlP 具有最高的硬度。基于声子散射及其态密度的研究，进一步分析了 3 种新型 AlP 结构的热力学性质，它们的德拜温度 Θ_D 遵循 cI24-AlP > oC12-AlP > hR18-AlP 的顺序。电学性质的研究表明，室压下 NiAs-AlP 和 hR18-AlP 具有导电性，wz-AlP、zb-AlP 和 oC12-AlP 是间接带隙半导体，cI24-AlP是直接带隙半导体。基于精准的杂化泛函算法研究发现，oC12-AlP 和 cI24-AlP 带隙分别为 0.651 eV 和 1.773 eV。分析 AlP 多型体的带隙与压力的关系发现，NiAs-AlP 和 hR18-AlP 二者一致保持导电性，而 wz-AlP、zb-AlP、cI24-AlP 和 oC12-AlP 四者均随着压力增大而呈现带隙下降直至出现导电性。基于不同压力下原子坐标的变化分析也阐明了 wz-AlP、zb-AlP、cI24-AlP 和 oC12-AlP 四者带隙-压力关系趋势的内在差别。这些新型 AlP 相具有优良的力学、电学、热学等性质，可能在工业中有着潜在应用。

参 考 文 献

[1] Lorenz M, Chicotka R, Pettit G, et al. The fundamental absorption edge of AlAs and AlP [J]. Solid State Commun., 1970, 8: 693-697.

[2] Corbridge D E C. Phosphorus-an outline of its chemistry, biochemistry and technology [M]. Elsevier Science Publishers BV, 1985.

[3] Greene R G, Luo H, Ruoff A L. High pressure study of AlP: Transformation to a metallic NiAs

phase [J]. J. Appl. Phys., 1994, 76: 7296-7299.

[4] Wang Y C, Lv J A, Zhu L, et al. Crystal structure prediction via particle-swarm optimization [J]. Phys. Rev. B, 2010, 82: 094116.

[5] Wang Y C, Lv J, Zhu L, et al. CALYPSO: A method for crystal structure prediction [J]. Comput. Phys. Commun., 2012, 183: 2063-2070.

[6] Wang H, Wang Y C, Lv J, et al. CALYPSO structure prediction method and its wide application [J]. Comput. Mater. Sci., 2016., 112: 406-415.

[7] Kresse G, Hafner J. Ab initio molecular dynamics for liquid metals [J]. Phys. Rev. B, 1993, 47: 558-561.

[8] Kresse G, Joubert D. From ultrasoft pseudopotentials to the projector augmented wave method [J]. Phys. Rev. B, 1999, 59: 1758-1775.

[9] Clark S J, Segall M D, Pickard C J, et al. First principles methods using CASTEP [J]. Z. Kristallogr., 2005, 220: 567-570.

[10] Segall M D, Lindan P J D, Probert M J, et al. First-principles simulation: ideas, illustrations and the CASTEP code [J]. J. Phys.: Condens. Matter, 2002, 14: 2717-2744.

[11] Vanderbilt D. Soft self-consistent pseudopotentials in a generalized eigenvalue formalism [J]. Phys. Rev. B, 1990, 41: 7892-7895.

[12] Monkhorst H J, Pack J D. Special points for Brillouin-zone integrations [J]. Phys. Rev. B, 1976, 13: 5188-5192.

[13] Togo A, Oba F, Tanaka I. First-principles calculations of the ferroelastic transition between rutile-type and $CaCl_2$-type SiO_2 at high pressures [J]. Phys. Rev. B, 2008, 78: 134106.

[14] Nelmes R, McMahon M. Structural transitions in the group Ⅳ, Ⅲ-Ⅴ, and Ⅱ-Ⅵ semiconductors under pressure [J]. Semiconduct. Semimet., 1998, 54: 145-246.

[15] Mujica A, Rubio A, Munoz A, et al. High-pressure phases of group-Ⅳ, Ⅲ-Ⅴ, and Ⅱ-Ⅵ compounds [J]. Rev. Mod. Phys., 2003, 75: 863-912.

[16] Yeh C-Y, Lu Z, Froyen S, et al. Zinc-blende-wurtzite polytypism in semiconductors [J]. Phys. Rev. B, 1992, 46: 10086-10097.

[17] Nye J F. Physical properties of crystals: their representation by tensors and matrices [M]. Oxford University Press, 1985.

[18] Wu Z, Zhao E, Xiang H, et al. Crystal structures and elastic properties of superhard IrN_2 and IrN_3 from first principles [J]. Phys. Rev. B, 2007, 76: 054101-054115.

[19] Mouhat F, Coudert F. Necessary and sufficient elastic stability conditions in various crystal systems [J]. Phys. Rev. B, 2014, 90: 224104.

[20] Wanagel J, Arnold V, Ruoff A L. Pressure transition of AlP to a conductive phase [J]. J. Appl. Phys., 1976, 47: 2821-2823.

[21] Froyen S, Cohen M L. Structural properties of Ⅲ-Ⅴ zinc-blende semiconductors under pressure [J]. Phys. Rev. B, 1983, 28: 3258-3265.

[22] Mujica A, Rodríguez-Hernández P, Radescu S, et al. AlX (X= As, P, Sb) compounds under

pressure [J]. Phys. Status Solidi B, 1999, 211: 39-43.

[23] Birch F. The effect of pressure upon the elastic parameters of isotropic solids, according to Murnaghan's theory of finite strain [J]. J. Appl. Phys., 1938, 9: 279-288.

[24] Hill R. The elastic behaviour of a crystalline aggregate [J]. Proc. Phys. Soc. A, 1952, 65: 349-354.

[25] Chen X Q, Niu H Y, Li D Z, et al. Modeling hardness of polycrystalline materials and bulk metallic glasses [J]. Intermetallics, 2011, 19: 1275-1281.

[26] Ozisik H, Colakoglu K, Ozisik H, et al. Structural, elastic, and lattice dynamical properties of Germanium diiodide (GeI 2) [J]. Comput. Mater. Sci., 2010, 50: 349-355.

[27] Ozisik H B, Colakoglu K, Deligoz E, et al. Structural, electronic, and elastic properties of K-As compounds: a first principles study [J]. J. Mol. Model., 2012, 18: 3101-3112.

[28] Ozisik H B, Colakoglu K, Deligoz E, et al. The stabilities, electronic structures and elastic properties of Rb—As systems [J]. Chin. Phys. B, 2012, 21: 047101.

[29] Watt J P. Hashin-Shtrikman bounds on the effective elastic moduli of polycrystals with orthorhombic symmetry [J]. J. Appl. Phys., 1979, 50: 6290-6295.

[30] Watt J P. Hashin-Shtrikman bounds on the effective elastic moduli of polycrystals with monoclinic symmetry [J]. J. Appl. Phys., 1980, 50: 6290-6295.

[31] Watt J P, Peselnick L. Clarification of the Hashin-Shtrikman bounds on the effective elastic moduli of polycrystals with hexagonal, trigonal, and tetragonal symmetries [J]. J. Appl. Phys., 1980, 51: 1525-1531.

[32] Baroni S, Gironcoli S D, Corso A D, et al. Phonons and related properties of extended systems from density-functional perturbation theory [J]. Physics, 2000, 73: 515-562.

[33] Baroni S, de Gironcoli S, Dal Corso A, et al. Phonons and related crystal properties from density-functional perturbation theory [J]. Rev. Mod. Phys., 2001, 73: 515-562.

[34] Ahmed R, Fazal-e-Aleem, Hashemifar S J, et al. First-principles study of the structural and electronic properties of Ⅲ-phosphides [J]. Phys. B, 2008, 403: 1876-1881.

[35] Yu P Y, Cardona M. Fundamentals of semiconductors [M]. Springer, 1999.

[36] Dias R P, Silvera I F. Observation of the Wigner-Huntington transition to metallic hydrogen [J]. Science, 2017, 355: 715-718.

6 AlAs 亚稳相的第一性原理研究

6.1 概述

室压下砷化铝（Aluminium Arsenide，AlAs）晶体具有闪锌矿结构(zb-AlAs)，外观呈现橙色固体。AlAs 熔点高达 1740 ℃，密度为 3.76 g/cm^3，而且较易潮解[1,2]。AlAs 具有优良的物理性质[2]，比如大的热膨胀系数、高的热导率，可以用在光电子器件如发光二极管上[3]。由于 AlAs 和 GaAs 具有几乎一致的晶格参数，二者能形成小诱导应力的 $Al_xGa_{1-x}As$ 超晶格。由于具有奇特的电子和光学特性，$Al_xGa_{1-x}As$ 在光电子器件方面有着重要的应用，例如超晶格布拉格反射镜（bragg reflector superlattices），异质结双极晶体管（heterojunction bipolar transistors），固体激光器（solid-state lasers），高电子迁移率晶体管（high electron mobility transistors），发光二极管（light emitting diodes），等等[3,4]。

本章中，首先采用粒子群算法预测出 3 种 AlAs 亚稳相，随后基于第一性原理的热力学、弹性力学和动力学计算分析证明了这 3 种结构的稳定性，并研究了它们的高压相变以及三者的力学、热学和电学等性质。

6.2 计算方法

CALYPSO 产生结构的筛选工作在 CASTEP 程序[5,6]中进行。筛选工作主要结构优化和稳定性分析等挑选出可能稳定存在的结构。交换关联式采用 GGA-PBE 泛函。USPP 被用来描述 Al（$3s^2 3p^1$）和 As（$4s^2 4p^3$）的电子结构。采用一种能快速获取低能量状态的算法（BFGS）[7]来优化指定压力下的结构。整个计算过程中为了保证体系总能量的收敛精度达到 1 meV，平面波截断能设置为 550 eV，布里渊区采样网格采用 $2\pi \times 0.04$ Å^{-1}来划分[8]。在结构优化的过程中，energy，force，stress 和 displacement 的收敛精度必须达到默认的 ultrafine 标准：energy < 5×10^{-6}eV/atom，force < 0.01 eV/Å，stress < 0.02 GPa 和 atoms' displacement < 5×10^{-4} Å。计算结构的弹性常数过程中最大应变设置为 0.003，应变共九步。为了检验优化后结构的动力学稳定性，结构的声子散射频率的计算是采用线性响应方法[9~11]并在 CASTEP 程序中执行的[5]。考虑到 GGA-PBE 计算的带隙值相较于实验值一般低 30% ~ 40%。因此采用 Heyd - Scuseria - Ernzerhof（HSE06）[12]杂化泛函来计算带隙，同时考虑到 HSE06 带来的巨大计算量，这里采用原胞计算。

6.3　晶体结构及布里渊区

6.3.1　晶体结构

通过对候选结构的大量筛选，发现了 3 种新奇 AlAs 的结构。（1）C-centered（1/2, 1/2, 0）正交晶系结构，空间群为 C222，每个单胞含 12 个原子，这里命名为 oC12-AlAs；（2）简单中心的六方结构，空间群为 $P6_422$，单胞含原子 6 个，这里命名为 hP6-AlAs。（3）含有 24 个原子的体心立方结构，空间群为 $I\bar{4}3d$，命名为 cI24-AlAs。oC12-AlAs、hP6-AlAs 和 cI24-AlAs 中所有原子都是 4 配位，原子间只存在 Al—As 键。表 6-1 提供的是 oC12-AlAs、hP6-AlAs 和 cI24-AlAs 结构信息，如空间群号、晶系、晶格参数、密度和原子占位信息（A. W. P., atomic Wyckoff positions）等。

表 6-1　3 种新型 AlAs 亚稳相的结构信息

结构	空间群 S. G.	晶系 C. S.	晶格参数 L. P. /Å	密度 ρ /g · cm^{-3}
oC12-AlAs	C222（21）	orthorhombic	a=6.975，b=3.977，c=9.094	4.025
	原子坐标 A. W. P.			
	Al1：4k（0.25，0.25，0.167）；Al2：2d（0，0，0.5） As1：4k（0.25，0.25，0.666）；As2：2b（0.5，0，0）			
hP6-AlAs	$P6_422$（181）	hexagonal	a=4.0260，c=8.973	4.031
	原子坐标 A. W. P.			
	Al：3c（0.5，0，1）；As：3d（0.5，0，0.5）			
cI24-AlAs	$I\bar{4}3d$（217）	cubic	a=8.161	3.736
	原子坐标 A. W. P.			
	Al：12a（0.375，0，0.25）；As：12b（0.25，0.125，0.5）			

在 oC12-AlAs 中（见图 6-1（a）），沿 c 轴自上而下可以看到分布着 7 层同平面原子层。其中上下相对应两个原子层关于 c=0.5 平面呈翻转镜面对称。正中间原子层记为 $P0$，往上依次为 $P1$、$P2$ 和 $P3$。其中 4 类原子 Al2、As1、Al1 和 As2 分别分布在 $P0$、$P1$、$P2$ 和 $P3$ 面上。在整个 oC12-AlAs 结构中存在三类相近键长的 Al—As 键：（1）化学键集中在 $P0$ 和 $P1$ 之间，键长为 2.512 Å；（2）键位于 $P1$ 和 $P2$ 之间，键长 2.502 Å；（3）坐落在 P2 面上的 Al1 原子和坐落在 P3 面上的 As2 原子之间的相互成键，键长为 2.517 Å。在 hP6-AlAs（见图 6-1（b））中只有一种 Al—As 键，键长为 2.508 Å。整个结构关于 c=0.5 面对半分为上下两部分，上下两部分除了同位置原子种类刚好相反外，其余完全一致。类似于 hP6-AlAs，在 cI24-AlAs 也只存在一种键长的 Al—As 键，键长为 2.499 Å。以

Al/As为中心原子，结合其4个配位As/Al原子，形成的［$AlAs_4$］/［$AsAl_4$］四面体，见图6-1（c）下侧四面体。两种四面体具有相似性。四面体中上下两棱边长同为4.562 Å，且立体空间上呈垂直状态，其余4条棱棱长均为3.817 Å。中心原子与2个配位原子组成的三原子链的夹角为99.594°和131.810°。

依据在室压下得到的最优几何结构，发现cI24-AlAs的密度比zb-AlAs（3.604 g/cm^3）高约3.7%。oC12-AlAs和hP6-AlAs具有相近的高密度，分别比zb-AlAs的密度高11.7%和11.8%。

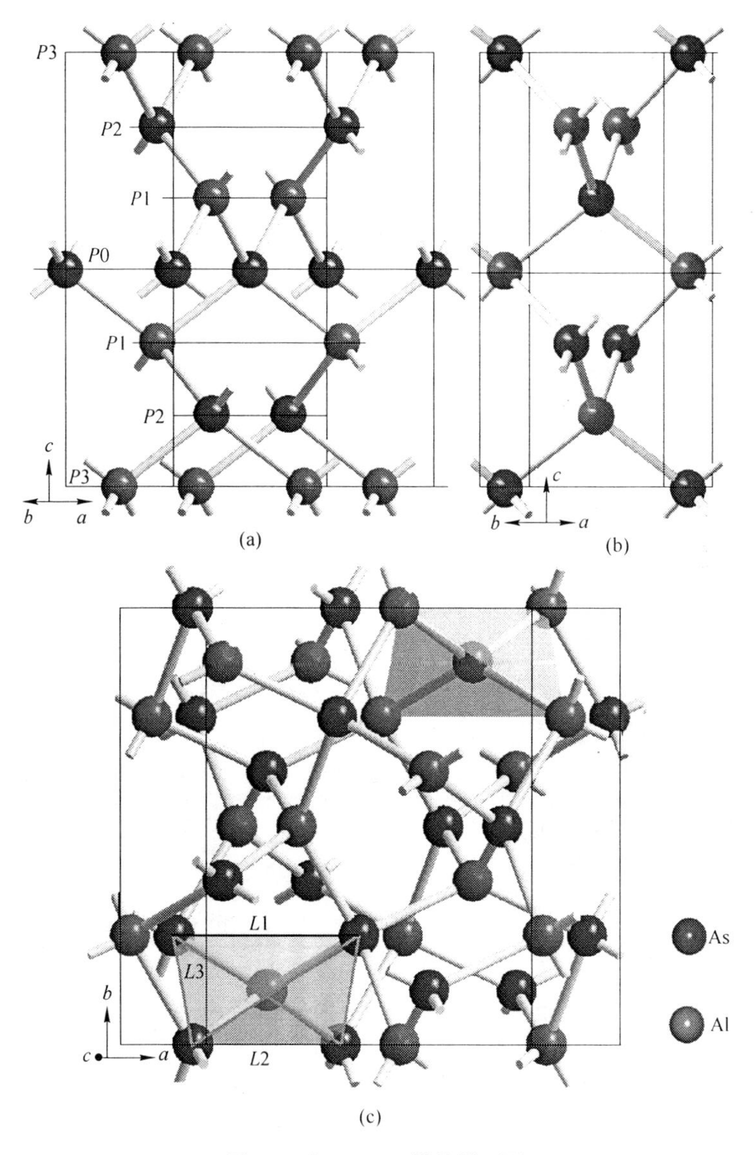

图6-1 新型AlAs结构模型图

（a）oC12-AlAs；（b）hP6-AlAs；（c）cI24-AlAs

6.3.2　布里渊区

晶体的倒易空间由其本征构型决定，此次研究中提出的 3 种新型 AlAs 结构分为三类：（1）正交晶系的 oC12-AlAs，其原胞所含原子数目和体积均为单胞的一半，其原胞的倒易空间为平行于 Z 轴的上下两面为六边形构成的板状多面体，如图 6-2（a）所示，3 条细长线（$g1$、$g2$ 和 $g3$）代表倒易空间 3 个基矢，其中

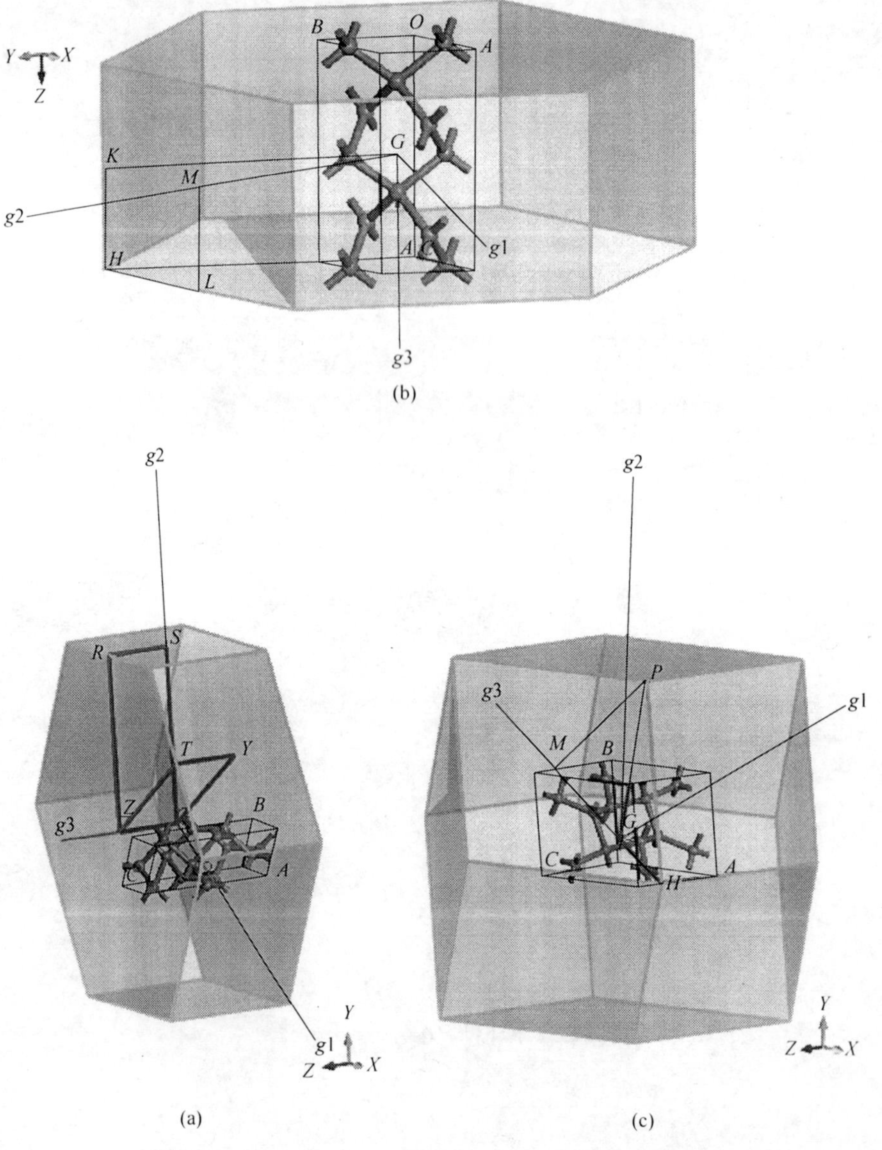

图 6-2　3 种新型 AlAs 结构原胞的倒易空间和布里渊区

（a）oC12-AlAs；（b）hP6-AlAs；（c）cI24-AlAs

$g3$ 同时垂直于 $g1$ 和 $g2$，$g1$ 和 $g2$ 二者夹角 120°，图 6-2（a）中粗线所构成区域即为其布里渊区，其路径为 G（0，0，0）→Z（0，0，1/2）→T(1/2，1/2，1/2)→Y(1/2，1/2，0)→G(0，0，0)→S(0，1/2，0)→R(0，1/2，1/2)→Z(0，0，1/2)；（2）六方晶系的 hP6-AlAs，其原胞与单胞等同，hP6-AlAs 原胞的倒易空间也为平行于 Z 轴的上下两面为六边形构成的板状多面体，分别如图 6-2（b）所示，3 条细长线（$g1$、$g2$ 和 $g3$）代表倒易空间 3 个基矢，其中 $g3$ 同时垂直于 $g2$ 和 $g1$，$g2$ 和 $g1$ 二者夹角 60°，图 6-2（b）中粗线所构成区域即为其布里渊区，其路径为 G(0，0，0)→A(0，0，1/2)→H(−1/3，2/3，1/2)→K(−1/3，2/3，0)→G(0，0，0)→M(0，1/2，0)→L(0，1/2，1/2)→H(−1/3，2/3，1/2)；（3）体心立方晶系，如 cI24-AlAs，其原胞所含原子数目和体积均为单胞的一半，cI24-AlAs 原胞的倒易空间为菱形十二面体，如图 6-2（c）所示，3 条细线 $g1$、$g2$ 和 $g3$ 代表倒易空间 3 个基矢，其中 $g1$、$g2$ 和 $g3$ 三者两两相交于中心点，且夹角均为 70°32′，图中黑色粗线所构成区域即为其布里渊区，其路径为 G(0，0，0)→H(1/2，−1/2，1/2)→N(0，0，1/2)→P(1/4，1/4，1/4)→G(0，0，0)→N(0，0，1/2)。

6.4 稳定性分析

6.4.1 弹性力学稳定性

为了分析 oC12-AlAs、hP6-AlAs 和 cI24-AlAs 3 种结构的弹性力学稳定性，计算了它们各自的独立弹性常数并列在表 6-2 中。其中正交晶系的弹性力学稳定性判据如公式（3-1)，立方晶系的弹性力学稳定性判据如公式（4-1)，六方晶系的弹性力学稳定性分析依据公式（6-1)[13, 14]

$$C_{44} > 0;\ C_{11} > |C_{12}|;\ (C_{11} + 2C_{12})C_{33} > 2C_{13}^2 \qquad (6\text{-}1)$$

计算得到的 oC12-AlAs、hP6-AlAs 和 cI24-AlAs 室压下独立弹性常数满足弹性力学稳定性判据，预示着 3 种结构具有弹性力学稳定性。

表 6-2 3 种新型 AlAs 多晶型的独立弹性常数 C_{ij} (GPa)

结构	C_{11}	C_{22}	C_{33}	C_{44}	C_{55}	C_{66}	C_{12}	C_{13}	C_{23}
oC12-AlAs	126.9	121.2	152.8	46.6	38.2	42.8	38.8	45.0	51.6
hP6-AlAs	125.7	—	146.8	44.3	—	—	38.1	50.8	—
cI24-AlAs	104.0	—	—	41.9	—	—	49.1	—	—

6.4.2 动力学稳定性

虚频的出现意味着原子间受力不正常、会引起晶格扭曲变形，也就意味着结构的动力学不稳定性。这里计算了室压下 oC12-AlAs、hP6-AlAs 和 cI24-AlAs 3 种结构原胞模型的声子散射谱及其对应的声子态密度，如图 6-3 所示。在结构的整个布里渊区没有虚频存在，表明这 3 个结构的动力学稳定性。

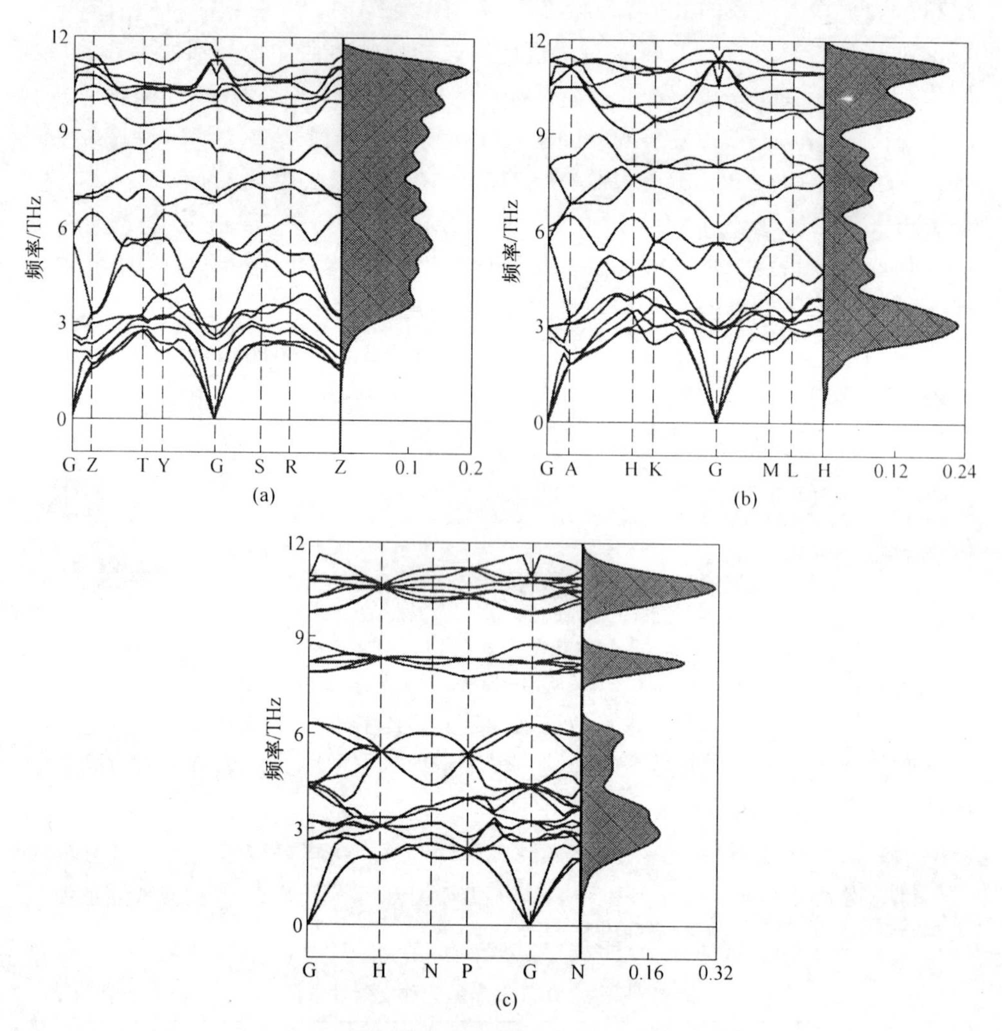

图 6-3　3 种新型 AlAs 结构的声子散射谱及其态密度

（a）oC12-AlAs；（b）hP6-AlAs；（c）cI24-AlAs

此外，研究发现 oC12-AlAs、hP6-AlAs 和 cI24-AlAs 3 种结构在室压下均有着较高且非常接近的最高声子振动频率 ω_{max}，分别为 11.73 THz、11.66 THz 和 11.59 THz。鉴于声子振动频率与原子间作用力（键能强弱）密切相关，对比了具有相同结构类型的 cI24-AlN、cI24-AlP 和 cI24-AlAs 三者，cI24-AlN 的 ω_{max} 约为 24.6 THz，cI24-AlP 的 ω_{max} 为 13.10 THz，均高于 cI24-AlAs 的 ω_{max}，这表明 Al—As 的键能较 Al—N 的键能要弱很多，较 Al—P 化学键也弱。对比 oC12-AlAs

和 oC12-AlP 二者，也可发现 oC12-AlAs 的 ω_{max} 低于 oC12-AlP（ω_{max} 为 13.54 THz），这说明相同配位环境下 Al—As 的化学键能均弱于 Al—P 化学键。

6.5 高压相变

鉴于 0K 下，熵对体系能量贡献为零，此时焓 H 等同于吉布斯自由能 G，为此以室压稳定相 zb-AlAs 为基准，研究了在 0~60 GPa 范围内 AlAs 多晶型相较于 zb-AlAs 的焓差-压力关系，如图 6-4 所示。在 9.2 GPa 高压下，zb-AlAs 能量上存在相变为 NiAs-AlAs 的趋势，计算的压力不仅吻合了实验上相变压力测量值（(7±5) GPa[15] 和 14.2 GPa[16]），也与理论计算的压力值匹配得很好（5.34[17]、6.1[18]、6.99[19]、7[20]、9.15[21] 和 6.68[22]）。计算的 NiAs-AlAs 到 cmcm-AlAs 相变压力为 34.4 GPa，与先前报道值 36 GPa[23] 一致。先前高压实验研究表明，亚稳相的形成受泄压速率的影响。例如 Si-Ⅻ（R8）、Si-Ⅲ（BC8）和 Ge-Ⅲ（ST12）能分别通过从 β-Sn 结构的 Si 和 Ge（Si-Ⅱ/Ge-Ⅱ）慢速泄压获得[24, 25]。然而快速泄压却能得到 Ge-IV（BC8）相和四方晶系的 Si-Ⅷ/Ⅸ 相[26, 27]。类似地，oC12-AlAs、hP6-AlAs 和 cI24-AlAs 三者可能通过高压下 NiAs-AlAs 或者 cmcm-AlAs 调节泄压速率来获得。研究发现 oC12-AlAs、hP6-AlAs 和 cI24-AlAs 三

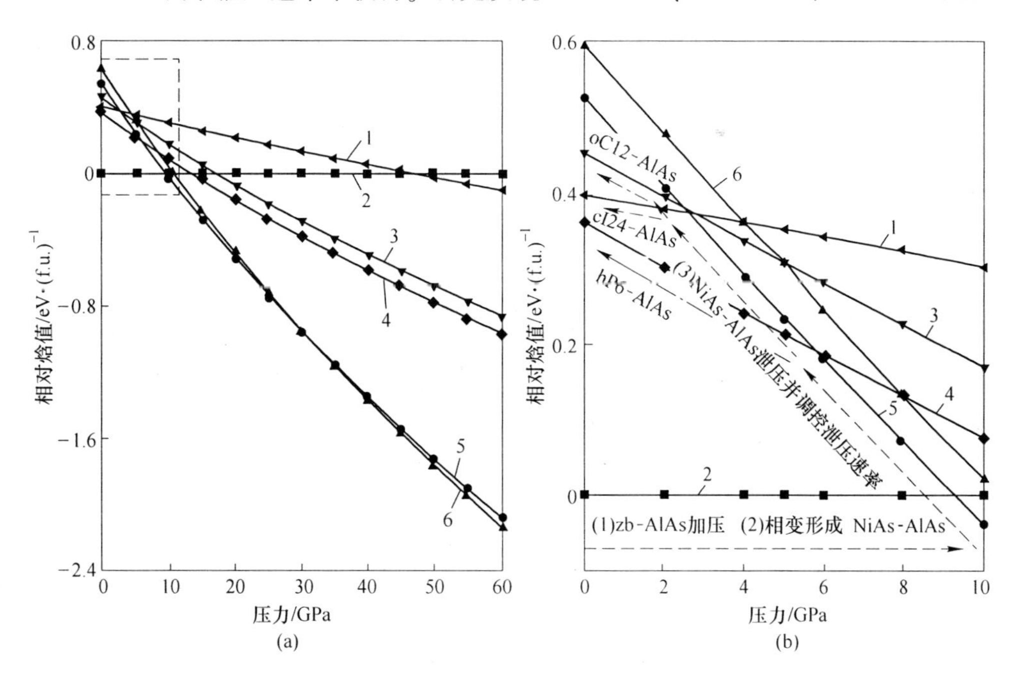

图 6-4 AlAs 多种结构相对于 zb-AlAs 的焓差-压力关系图

（(b) 图为左侧 (a) 视图中选定区域放大图）

1—cI24-AlAs；2—zb-AlAs；3—oC12-AlAs；4—hP6-AlAs；5—NiAs-AlAs；6—Cmcm-AlAs

者在室压下能量都介于 zb-AlAs 和 NiAs-AlAs 之间。它们都是压力驱动型结构。oC12-AlAs、hP6-AlAs 和 cI24-AlAs 可能通过如下路径获得：（1）zb-AlAs 加压；（2）相变形成 NiAs-AlAs；（3）NiAs-AlAs 泄压并调控泄压速率。

6.6　力学性质

6.6.1　BM 状态方程

研究了 0~60 GPa 范围（取样宽度 5 GPa）内 oC12-AlAs、hP6-AlAs 和 cI24-AlAs 3 种 AlAs 新型物相在不同压力下的最优化结构，获取了一系列体积-压力数据。随后采用 BM-EOS[28] 拟合了 oC12-AlAs、hP6-AlAs 和 cI24-AlAs 一系列体积-压力数据，采样数据点和拟合曲线如图 6-5 所示，拟合公式和具体物理参数意义参见式（3-2）及其参数介绍。

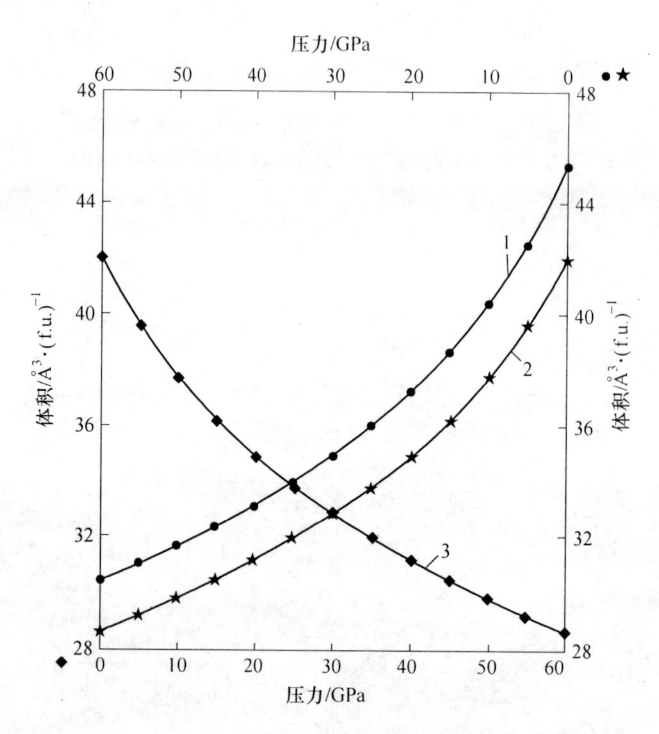

图 6-5　oC12-AlAs、hP6-AlAs 和 cI24-AlAs 的体积-压力关系图

（实心几何图案代表采样计算的数据，实线代表拟合结果）

1—cI24-AlAs（上、右坐标）；2—oC12-AlAs（上、右坐标）；3—hP6-AlAs（左、下坐标）

拟合得到的 B_0、B_0' 和 V_0 列在表 6-3 中。在 3 个新型 AlAs 结构中，cI24-AlAs 有着最大的室压分子体积（45.30 Å^3）和最大的体积收缩率（32.70%）；oC12-AlAs和 hP6-AlAs 有着相近的室压分子体积 V_0，分别为 42.06 Å^3 和 41.97

Å^3，以及相近的体积收缩率，分别为 31.82 % 和 31.65 %。

表 6-3　3 种新型 AlAs 结构的 BM-EOS 拟合结果

结构	B_0 /GPa	B'_0	V_0 /Å^3
oC12-AlAs	74.2	3.90	42.06
hP6-AlAs	75.6	3.89	41.97
cI24-AlAs	69.1	3.95	45.30

6.6.2　模量与硬度

基于 3 种新型 AlAs 多型体的各晶体结构的弹性常数 C_{ij}以及 Voigt-Reuss-Hill 关系[29~32]，具体可参见第 2 章力公式（2-8），可以得到 Hill 形式的体积模量 B 和剪切模量 G。进一步根据公式（2-9），可以获取相应结构的杨氏模量 E 和泊松比 σ。鉴于硬度是力学性质的一个重要属性，它代表材料抵抗被刻划或被压入的能力[33, 34]。固体对外界物体入侵的局部抵抗能力，是比较各种材料软硬的指标。由于规定了不同的测试方法，所以有不同的硬度标准。硬度有很多表征手段，比如维氏硬度、洛氏硬度、肖氏硬度等，硬度的理论研究也有经验模型[35]、键阻模型[36, 37]、键强模型[38]、电负性模型[39~41]等。这里采用中科院沈阳金属研究所陈星秋研究员提出的且被广泛应用的硬度经验公式[35]计算了 3 种新型 AlAs 物相的维氏硬度 HV，见第 2 章公式（2-11）。

表 6-4 中列出了计算得到了 B、G、E、σ、κ 和 HV。通过两种方式得到的体积模量 B 一致，表明计算是准确可靠的。B 和 G 分别代表材料抵抗加载过程中体积变形和剪切应力下塑性变形的能力[42~43]。杨氏模量 E 的大小反映了材料的坚硬程度。3 种 AlAs 新型结构中 oC12-AlAs 和 hP6-AlAs 具有相近的 B、G 和 E，且均比 cI24-AlAs 的大，这也意味着 hP6-AlAs 和 oC12-AlAs 都比 cI24-AlAs 抗形变能力强，材质更加坚硬。相似的结论也能从维氏硬度中获得。一般而言，对于固体材料体积越大意味着密度越小，体积收缩率越大，同时也表明力学模量越小，硬度也越小；这种关系在 oC12-AlAs、hP6-AlAs 和 cI24-AlAs 的力学性质计算中得到了很好的证明。计算的 B、G、E 和 HV 表明 oC12-AlAs、hP6-AlAs 和cI24-AlAs 具有合适的力学性质，进一步扩充了 AlAs 作为铝化合物在工业中的应用。

表 6-4　3 种新型 AlAs 结构的力学性质参数

结构	B/GPa	G/GPa	κ	E/GPa	σ	HV/GPa
oC12-AlAs	74.0	43.0	0.581	108.1	0.257	6.57
hP6-AlAs	74.8	43.6	0.583	109.5	0.256	6.68
cI24-AlAs	67.4	35.4	0.525	90.4	0.277	4.59

对比具有相同类型结构的 AlX 化合物（oC12-AlP、oC12-AlAs）和（cI24-AlN、cI24-AlP、cI24-AlAs）的维氏硬度 *HV* 计算值，见表 6-5。不难发现，至于 AlX 化合物而言，随着 X 元素的增大，化学键 Al—X 键长增长、键能减弱，相同结构 AlX 化合物的维氏硬度 *HV* 降低，尤其是 X：N →P 的降幅远大于 X：P →As，这说明维氏硬度受化学键能的影响明显，键能越强，维氏硬度越大。

表 6-5　同类型 AlX 化合物结构的维氏硬度 HV　　（GPa）

结构		*HV*	结构		*HV*
cI24	AlN	13.37	oC12	AlP	7.90
	AlP	5.01		AlAs	6.57
	AlAs	4.59			

6.6.3　弹性各向异性

弹性各向异性有助于理解凝聚态物质微裂纹的形成，同时还显著影响着材料工程应用[44]。作为一个广泛应用的标准，不同平面的键之间各向异性程度能通过剪切各向异性表征。其中剪切各向异性指数 A_1、A_2 和 A_3 分别代表剪切面(1 0 0)在⟨0 1 1⟩和⟨0 1 0⟩，(0 1 0) 在⟨1 0 1⟩和⟨0 0 1⟩，以及 (0 0 1) 在⟨1 1 0⟩和⟨0 1 0⟩方向上的各向异性大小[45]，具体计算公式见第 5 章式（5-2）。压缩各向异性百分比 A_B 和剪切各向异性百分比 A_G 可通过如公式（5-5）计算，公式中 B 和 G 分别代表体积模量和剪切模量，下标 R 和 V 分别代表 Reuss 和 Voight 形式数值[30~32, 46]。A_B 和 A_G 取值为 0 时意味着弹性各向同性，100%则意味着最大程度的各向异性。

对于具有高度对称性的立方晶系，其 A_1、A_2 和 A_3 相等，可由公式（5-3）计算。而对于六方晶系，则有公式（6-2）。

$$A_1 = A_2 = 4C_{44}/(C_{11} + C_{33} - 2C_{13});\ A_3 = 2C_{66}/(C_{11} - C_{12}) \qquad (6\text{-}2)$$

对于各向同性晶体，$A_1 = A_2 = A_3 = 1$。任何不为 1 的值意味着一定程度的剪切各向异性。计算得到的剪切各向异性指数列在表 6-6 中。在 3 种新结构中，cI24-AlAs有着最高的剪切各向异性指数，hP6-AlAs 在（0 0 1）剪切面呈现各向同性，而在（1 0 0）和（0 1 0）剪切面有着轻微的各向异性。oC12-AlP 在 3 个不同剪切面（1 0 0）、（0 1 0）和（0 0 1）都呈现出各向异性。此外，cI24-AlAs 的压缩各向异性百分比为 0，表明其不存在压缩各向异性，但其剪切各向异性最高；而 oC12-AlAs 和 hP6-AlAs 均具有较低的各向异性 A_B 和 A_G，其压缩和剪切各向异性值均不超过 1%。

表 6-6 3 种新结构 AlAs 的各项参数

结构	体积模量		剪切模量		各向异性百分比/%		剪切各向异性指数		
	B_V	B_R	G_V	G_R	A_B	A_G	A_1	A_2	A_3
oC12-AlAs	74.625	73.441	43.223	42.819	0.799	0.470	0.983	0.895	1.004
hP6-AlAs	75.287	74.292	43.704	43.572	0.665	0.151	1.037	—	1.000
cI24-AlAs	67.378	67.378	36.129	34.619	0	2.134	1.526	—	—

6.7 热学性质

基于线性响应机制的晶格动力学研究方法[47]，研究了 3 种新型 AlAs 结构原胞模型对应的布里渊区沿不同路径点的声子振动谱及其对应的态密度，如图 6-3 所示。以晶格动力学的声子解释为基础，本节基于准谐近似研究并分析 3 种新型 AlAs 结构的热学性质，如自由能 G、熵 S、焓 H、比热 C_V 和德拜温度 Θ_D 等。

6.7.1 零点振动能

零点振动能源自量子力学的海森堡测不准原理，该原理指出不可能同时准确获得一个粒子的动量和位置（即测不准原理）。因此，当温度降到绝对零度时，粒子必定保持振动。这种粒子在绝对零度时的振动（零点振动）所具有的能量就是零点振动能 E_{zp}。对卡西米尔力（一种由于真空零点电磁涨落产生的作用力）的精确测量，成功证实了在绝对零度条件下仍然存在能量的这一物理现象。

零点振动能 E_{zp} 计算如第 2 章热学性质版块公式（2-13）所示。鉴于质能方程中提到的质量与能量之间的关系，考虑到 3 种新型 AlAs 结构的原胞中所含 AlAs 物质的量不同，这里以每分子式 AlAs 为基准，将零点振动能 E_{zp} 归一化，见表 6-7。通过计算，发现在 3 种新型 AlAs 结构中，oC12-AlAs 有着最大的 E_{zp}（96.69 meV），cI24-AlAs 和 hP6-AlAs 有着较小的 E_{zp}（分别为 83.93 meV 和 82.67 meV）。

表 6-7 3 种新型 AlAs 结构和 cI24-AlN、cI24-AlP、oC12-AlP 结构的归一化零点振动能 E_{zp}

(meV)

结构	hP6-AlAs	oC12-AlAs	cI24-AlAs
E_{zp}	82.67	96.69	83.93
结构		oC12-AlP	cI24-AlP
E_{zp}		99.73	102.89
结构			cI24-AlN
E_{zp}			178.62

此外，为了对比相同结构不同物质间零点振动能 E_{zp} 的关系，一并将 cI24-AlP、cI24-AlP、oC12-AlP 三者的归一化 E_{zp} 列在表 6-7 中，且单位均统一为 meV。对比发现相同类型结构如（oC12-AlAs、oC12-AlP）和（cI24-AlAs、cI24-AlP、cI24-AlN），随着 AlX 化合物中 X 元素序号增大、AlX 分子式摩尔质量变重、E_{zp} 减小。同时，发现 AlN →AlP 的 E_{zp} 变化程度远高于 AlP →AlAs，该变化趋势与 AlX 分子式摩尔质量变化趋势不同，这说明零点振动能不仅受分子式摩尔质量还受其他因素影响。为此，对比（oC12-AlAs、oC12-AlP）和（cI24-AlAs、cI24-AlP、cI24-AlN）这两组同类型结构的键长，见表 6-8。研究发现，AlN →AlP 键长变化巨大，如 cI24-AlN → cI24-AlP 键长增大幅度高达 24. 39%，而 cI24-AlP → cI24-AlAs 键长增大仅 4. 26%，此外 oC12-AlAs 和 oC12-AlP 之间的键长变化也不超过 5%，这表明化学键长的变化也影响着 E_{zp}。即随着 AlX（X = N，P，As）化合物中 X 元素序号增大、AlX 分子式摩尔质量变重且化学键变长、零点振动能 E_{zp} 减小。

表 6-8　同类型 AlX（X = N，P，As）化合物结构的键长 *L*

结构	L/Å	结构	L/Å		
cI24-AlN	1. 927	oC12-AlP	2. 403	2. 405	2. 416
oI24-AlP	2. 397	oC12-AlAs	2. 502	2. 512	2. 517
oI24-AlAs	2. 499				

6. 7. 2　热力学物理量

热力学相关物理量如振动熵 *S*、焓 *H*、吉布斯自由能 *G* 与温度 *T* 之间的关系均可以通过基于声子振动的晶格动力学分析而获取[11]，具体方法参见第 2 章式（2-14）~式（2-16）。

计算得到 3 种新型砷化铝结构的焓 *H*、吉布斯自由能 *G*、振动熵 *S* 等热力学函数与温度 *T* 的关系如图 6-6 所示，此处熵以与温度 *T* 的乘积形式（$T \times S$）给出。不难发现，热力学函数 *H*、*G*、*S* 与 *T* 之间符合热力学公式 $G = H - T \times S$。此外，3 种新型 AlAs 结构的热力学函数之间近似符合 hP6-AlAs：oC12-AlAs：cI24-AlAs = 1：1：2 的比例关系，这也与三者原胞结构所含 AlAs 分子式的数目相关。以 0~2000 K范围内任意温度归一化能量来比较，发现每分子式 AlAs 的自由能 *G* 最低者为 hP6-AlAs，紧随其后的为 cI24-AlAs，而 oC12-AlAs 则具有较高的自由能 *G*。这也与 6. 5 章节高压相变研究中 0K 下三者焓值大小关系相吻合。

此外，鉴于 AlX（X = N，P，As）化合物新型结构中均有同类型的结构如 cI24 相，对比 AlX（X = N，P，As）中同类型结构的热力学性质将有助于阐明 X 元素对 AlX 化合物热力学性质的影响机理，并为研究成分对不同化合物的其他性

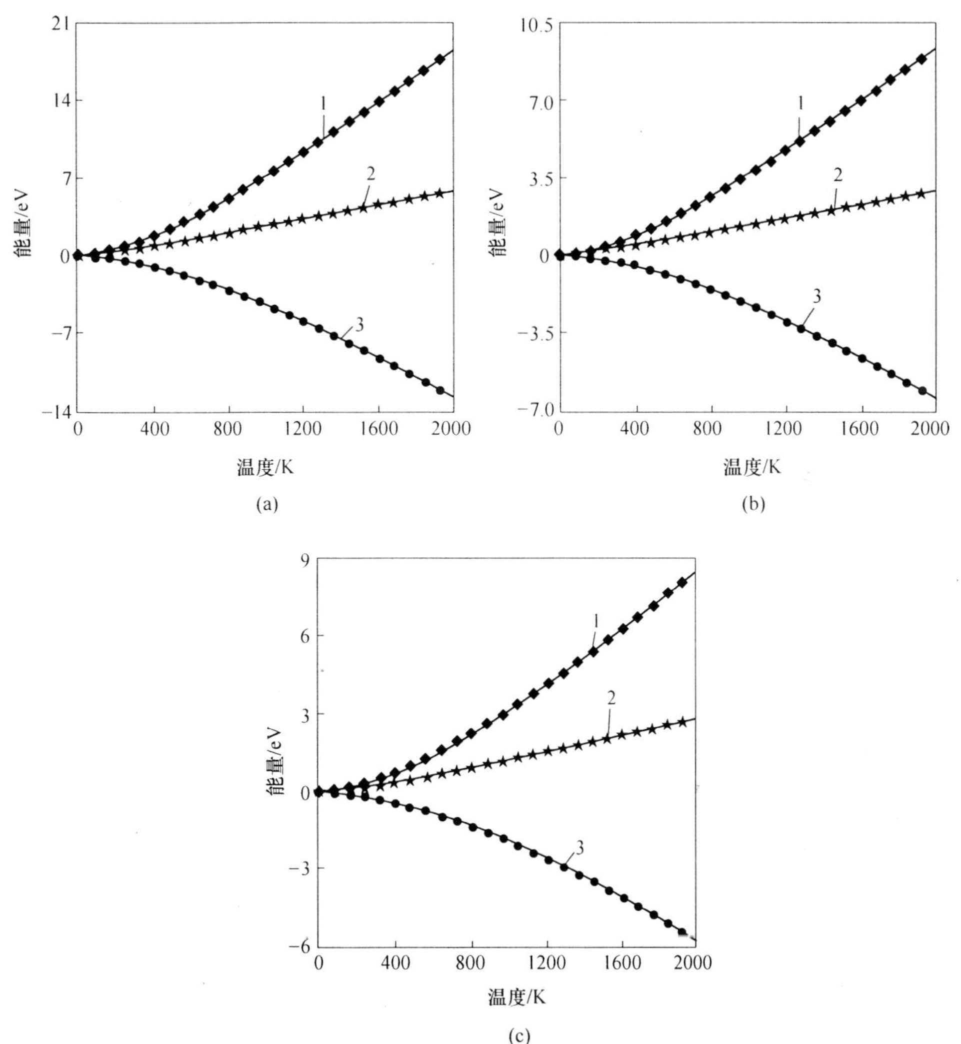

图 6-6 计算所得 3 种新型 AlAs 结构的热力学函数（焓 H、吉布斯自由能 G、振动熵 S）与温度 T 之间的关系

（a）cI24-AlAs；（b）hP6-AlAs；（c）oC12-AlAs

1—$T\times S$；2—H；3—G

质的影响规律做铺垫。以熵 S 为例，考虑到 S 跟物质的量有关，给出了具有 cI24 型结构的 AlX 化合物的单分子式所对应的熵 S 与温度 T 之间的关系，如图 6-7 所示，其中 S 以与 T 乘积的形式给出。对比发现：相同温度下，cI24-AlAs、cI24-AlP 和 cI24-AlN 三者的 S 满足 AlAs > AlP > AlN 的关系，这也说明熵 S 受分子式摩尔质量影响，摩尔质量越大 S 也越大；随着温度的增高，AlX 化合物由熵引起的熵增也逐步增大。

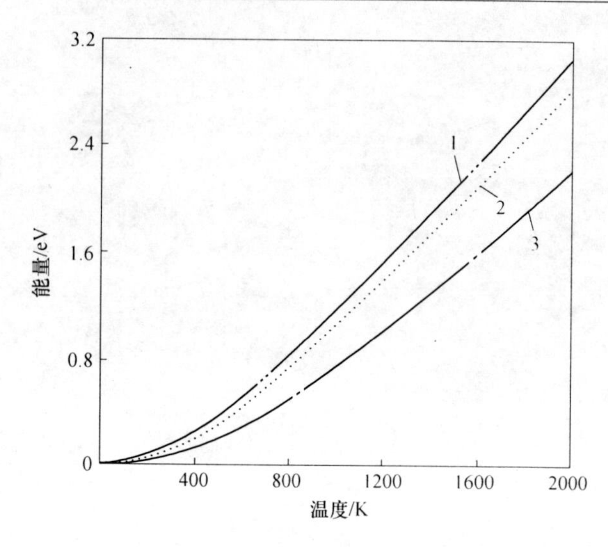

图 6-7　计算所得 cI24-AlAs、cI24-AlP 和 cI24-AlN 三种同型结构的单分子式振动熵 S 与温度 T 之间的关系

1—cI24-AlAs；2—cI24-AlP；3—cI24-AlN

6.7.3　定容比热容

基于第 2 章公式（2-18），可以计算定容比热容 C_V 随温度 T 的函数关系，并绘制图 6-8。3 种新型 AlAs 结构的理论热容 C_V 比值近似等同于其原胞中所含 AlAs

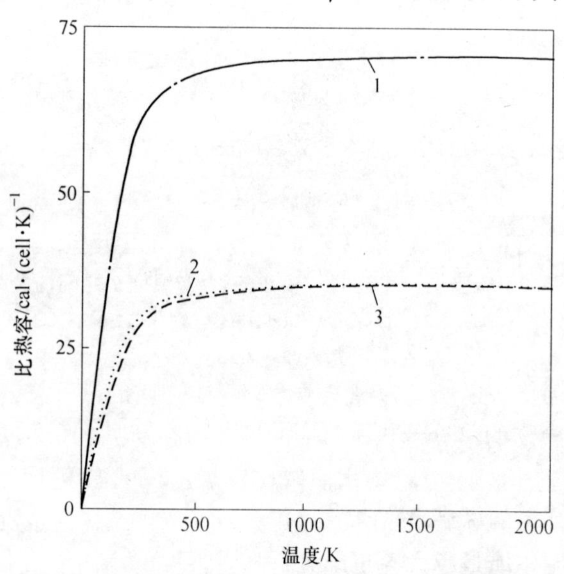

图 6-8　计算所得 3 种新型 AlAs 结构的定容比热容 C_V 与温度 T 之间的关系

1—cI24-AlAs；2—hP6-AlAs；3—oC12-AlAs

分子式数的比值（hP6-AlAs：oC12-AlAs：cI24-AlAs =1：1：2）。经过简单的单位换算后，可以发现：在 $T \gg \Theta_D$ 的高温下，每 AlAs 分子式所对应的定容比热容 C_V 趋近于双原子化合物的杜隆-珀替极限值 $6R$（$R=8.314$ J/（K · mol））；在 $T \ll \Theta_D$ 的低温下，热容 C_V 正比于（T/Θ_D）^{3}。此外，室温下 hP6-AlAs、oC12-AlAs 和 cI24-AlAs 三者的每 AlAs 分子式所对应的热容 C_V 近似等于杜隆-珀替极限值 $6R$，即室温热容与高温热容近乎相同。此外，对比同结构类型的 AlX 化合物发现其单分子式对应热容近似等同，而同化学式不同结构的 AlX 化合物发现其单分子式对应热容也近似等同，这表明热容主要受结构影响较小，而主要取决于其分子式所含原子数以及原子热容。

6.7.4 德拜温度

德拜温度 Θ_D 理论研究具有重要的意义，可以为材料的选择应用提供指导。德拜温度 Θ_D 可以从低温热容的测量中得以精确确定。因此，德拜温度 Θ_D 在不同温度 T 下的数值，可经由第 2 章公式（2-18）计算得到真实的热容 C_V，并导入第 2 章公式（2-19）中求出德拜温度 Θ_D。

研究 3 种新型 AlAs 物相的德拜温度 Θ_D 随温度 T 的关系，如图 6-9 所示。针对工业生产和日常生活应用的温度范围，分析了新型 AlAs 物相在室温及以上情况的德拜温度 Θ_D，发现三者的 Θ_D 遵循 oC12-AlAs > cI24-AlAs > hP6-AlAs 的顺序。对于 oC12-AlAs、cI24-AlAs 和 hP6-AlAs 三者，其在高温下德拜温度 Θ_D 的模拟极限值 $\Theta_{D\text{-}Limit}$ 分别为 505.8 K、462.7 K 和 455.8 K；而在室温温度（300 K）下，三者的德拜温度 $\Theta_{D\text{-}Ambient}$ 分别为 503.6 K、458.3K 和 451.3 K。可见 3 种 AlAs新结构在室温及以上温度段内的德拜温度近乎保持一致。

纵观具有相同类型结构的 AlX 化合物（oC12-AlAs、oC12-AlP）和（cI24-AlAs、cI24-AlP、cI24-AlN）的德拜温度 Θ_D 高温极限值和室温值，见表 6-9。不难发现，至于 AlX 化合物而言，随着 X 元素的增大，相同结构 AlX 化合物的德拜温度高温极限值 $\Theta_{D\text{-}Limit}$ 和室温值 $\Theta_{D\text{-}Ambient}$ 均逐渐减小，尤其是 X：N →P 的降幅远大于 X：P →As，这说明德拜温度受化学键能的影响，键能越强，德拜温度越高。

表 6-9 同类型 AlX 化合物结构的德拜温度 Θ_D 高温极限值 $\Theta_{D\text{-}Limit}$ 和室温值 $\Theta_{D\text{-}Ambient}$

（K）

结构	$\Theta_{D\text{-}Limit}$	$\Theta_{D\text{-}Ambient}$	结构	$\Theta_{D\text{-}Limit}$	$\Theta_{D\text{-}Ambient}$
cI24-AlN	949.8	922.3	oC12-AlP	540.4	532.8
cI24-AlP	559.7	551.3	oC12-AlAs	505.8	503.6
cI24-AlAs	462.7	458.3			

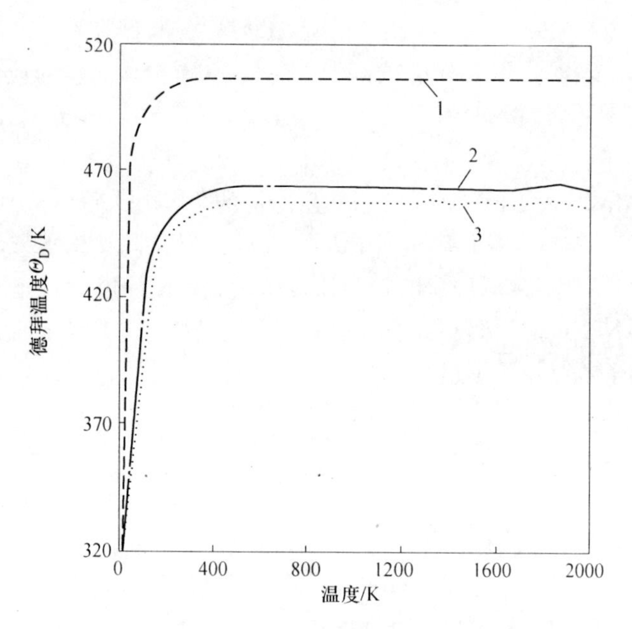

图 6-9　计算所得 3 种新型 AlAs 结构的德拜温度 Θ_D 与温度 T 之间的关系

1—oC12-AlAs；2—cI24-AlAs；3—hP6-AlAs

6.8　电学性质

6.8.1　室压电学性质

基于杂化泛函 HSE06，计算了室压下 zb-AlAs、oC12-AlAs、hP6-AlAs 和 cI24-AlAs 的能带结构，如图 6-10 所示。对于 zb-AlAs（见图 6-10（a）），价带顶和导带底分别落在高对称点 G 点和 X 点上，其禁带宽度为 1.436 eV，而基于杂化泛函 HSE06 计算所得 zb-AlAs 的电子能带结构如图 2-12（c）所示，也为间接带隙半导体，带隙更宽，为 2.081 eV，与先前报道的理论研究结果（2.1 eV[48]、2.24 eV[49]）和实验值（2.16 eV[50]、2.23 eV[51] 和 2.2 eV[52]）一致。在室压下，oC12-AlAs（见图6-10（b））的价带顶和导带底分别落在 Z 点和 Y 点上，存在价带穿越费米能级。hP6-AlAs 的价带顶和导带底分别落在 G 点和 K 点上（见图 6-10（c）），表明其是间接带隙半导体，且带隙宽带分别为 0.671 eV。cI24-AlAs（见图 6-10（d））的价带顶和导带底都位于 G，带隙宽带为 1.076 eV，预示着 cI24-AlAs 是直接带隙半导体。

为了避免 GGA 算法低估带隙带来的误判，采用杂化泛函 HSE06 来计算 oC12-AlAs、hP6-AlAs 和 cI24-AlAs 3 种结构的原胞模型在室压下的电子能带结构，如图 6-11 所示。oC12-AlAs 的价带顶和导带底依旧分别落在 Z 点和 Y 点上，

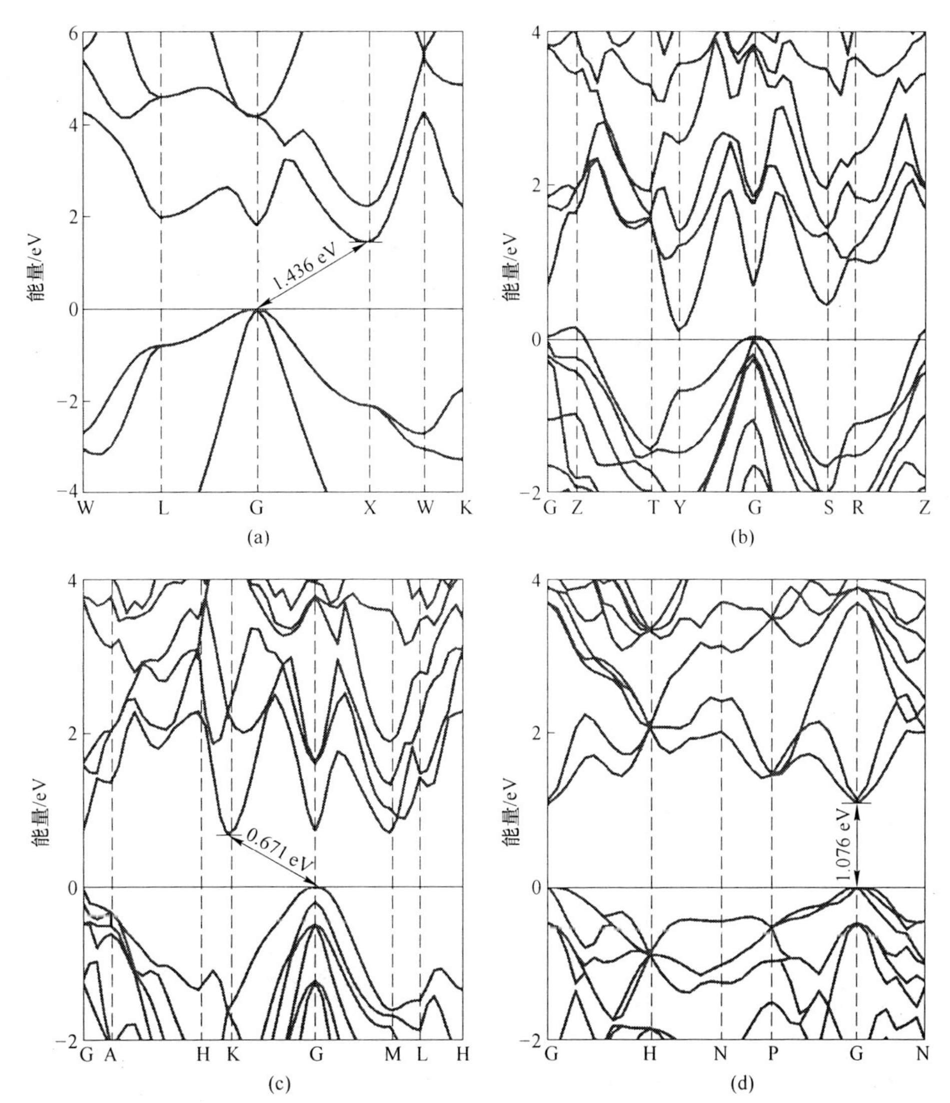

图 6-10 基于 GGA 算法计算 zb-AlAs（a）、oC12-AlAs（b）、hP6-AlAs（c）和 cI24-AlAs（d）4 种结构原胞在室压下的能带结构

（黑色水平实线代表费米能级）

但是不同于 GGA 算法的能带穿越费米能级现象，基于 HSE06 计算所得不存在能带穿越费米能级的现象，说明 oC12-AlAs 是间接带隙半导体，其带隙宽度为 0.470 eV。hP6-AlAs 的价带顶和导带底分别落在 *G* 点和 *M* 点上，依旧为间接带隙半导体，其带隙宽度为 1.359 eV。而 cI24-AlAs（见图 6-11（d））的价带顶和导带底都落在高对称点 *G* 上，带隙宽带为 1.761 eV，证明 cI24-AlAs 是直接带隙半导体。

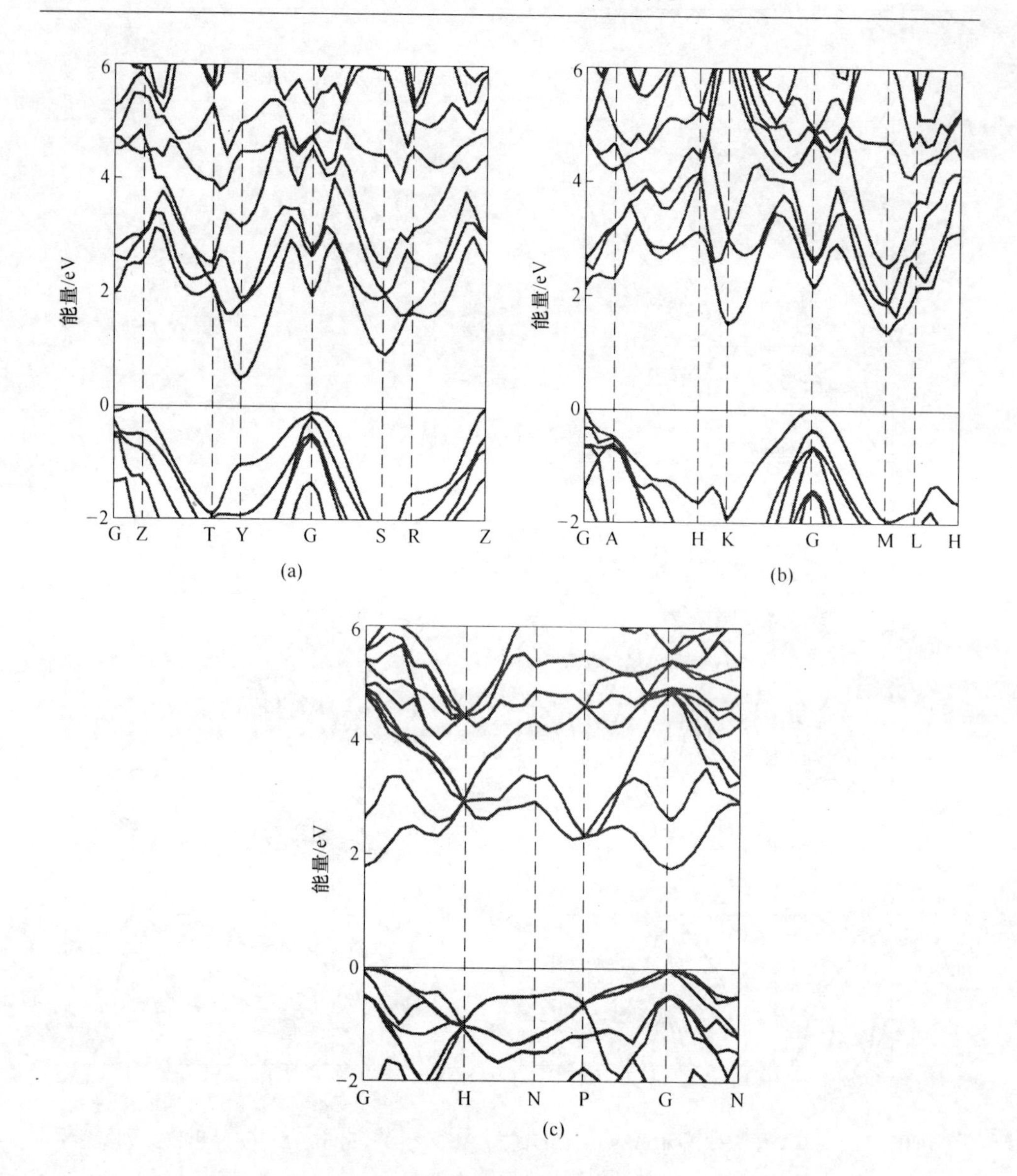

图 6-11　基于 HSE06 计算 oC12-AlAs（a）、hP6-AlAs（b）和 cI24-AlAs（c）3 种结构原胞在室压下的能带结构

（黑色水平实线代表费米能级）

此外，表 6-10 列出两组具有相同类型结构的 AlX 化合物（cI24-AlN、cI24-AlP、cI24-AlAs）和（oC12-AlP、oC12-AlAs）的基于 HSE06 算法所得精确带隙值。对比三个直接带隙半导体：cI24-AlN、cI24-AlP 和 cI24-AlAs，可发现三者的带隙随 X 原子序号增大而变小，相似的结论在 oC12-AlP 和 oC12-AlAs 的对比中亦能得出。

表 6-10 同类型 AlX（X = N，P，As）化合物结构的精确带隙比较 （eV）

结构		带隙	结构		带隙
cI24	AlN	3.976	oC12	AlP	0.651
	AlP	1.773		AlAs	0.470
	AlAs	1.761			

6.8.2 压力对电学性质的影响

鉴于压力对凝聚态材料电学性质的潜在影响，同时考虑到 HSE06 泛函计算的冗时性，采用 GGA 算法研究了若干 zb-AlAs、hP6-AlAs 和 cI24-AlAs 3 种多型体结构（此三者室压下基于 GGA 算法均存在带隙）在不同压力条件下的带隙的变化，如图 6-12 所示。

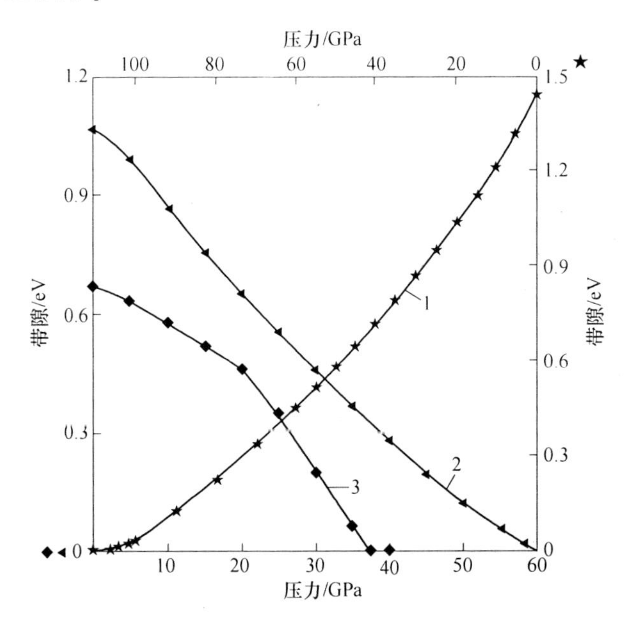

图 6-12 基于 GGA 算法所得 3 种新型 AlAs 结构的带隙-压力关系图

1—zb-AlAs；2—cI24-AlAs；3—hP6-AlAs

对于 zb-AlAs、hP6-AlAs 和 cI24-AlAs，高压作用导致原子间距变小、电子重叠加强并逐渐“离域”化，同时高压作用诱导晶格参数变小、倒易空间和布里渊区变大，三者的电子能带结构的能带变宽，进而高压下带隙减小乃至金属化，与氢的金属化相似[53]。其中 zb-AlAs 由于其室压下带隙相对较大，相应的带隙消失临界压力较高，高达 103 GPa。而 hP6-AlP 室压下带隙较小，高压作用下带隙快速减小，当压力高于 37 GPa 时带隙消失。cI24-AlP 的带隙也会随压力增大而减小，并在 60 GPa 时带隙消失。

6.9 本章小结

采用 CALYPSO 结合第一性原理研究，成功预测出 3 种 AlAs 新型亚稳相（oC12-AlAs、hP6-AlAs 和 cI24-AlAs）。它们的弹性力学稳定性和动力学稳定性通过弹性常数和声子散射谱的研究得以验证。基于焓压图的计算，发现室压下 oC12-AlAs、hP6-AlAs 和 cI24-AlAs 能量上都比 Cmcm-AlAs 和 NiAs-AlAs 有优势。它们都是压力驱动型结构，在特定压力下它们比 zb-AlAs 更稳定。通过调节高压下 NiAs-AlAs 或者 Cmcm-AlAs 的泄压速率，有望得到这三种结构。力学性质的计算揭示了在体积模量、剪切模量、杨氏模量、硬度和剪切各向异性指数等方面 oC12-AlAs 和 hP6-AlAs 具有相似的性质，且均比 cI24-AlAs 的高。能带结构的研究表明 oC12-AlAs、hP6-AlAs 和 cI24-AlAs 都是半导体，带隙分别为 0.468 eV、1.356 eV 和 1.761 eV，都小于 zb-AlAs 的 2.081 eV。其中 oC12-AlAs 和 hP6-AlAs 是间接带隙半导体，cI24-AlAs 是直接带隙半导体。

参 考 文 献

[1] 叶大伦，胡建华. 实用无机物热力学数据手册 [M]. 北京：冶金工业出版社，2002.

[2] Martienssen W, Warlimont H. Springer Handbook of Condensed Matter and Materials Data [M]. Springer, Heidelberg, 2005.

[3] Adachi S. GaAs, AlAs, and $Al_xGa_{1-x}As$: material parameters for use in research and device applications [J]. J. Appl. Phys., 1985, 58: R1-R29.

[4] Guo L. Structural, energetic, and electronic properties of hydrogenated aluminum arsenide clusters [J]. J. Nanopart. Res., 2011, 13: 2029-2039.

[5] Clark S J, Segall M D, Pickard C J, et al. First principles methods using CASTEP [J]. Z. Kristallogr., 2005, 220: 567-570.

[6] Segall M D, Lindan P J D, Probert M J, et al. First-principles simulation: ideas, illustrations and the CASTEP code [J]. J. Phys.: Condens. Matter, 2002, 14: 2717-2744.

[7] Vanderbilt D. Soft self-consistent pseudopotentials in a generalized eigenvalue formalism [J]. Phys. Rev. B, 1990, 41: 7892-7895.

[8] Monkhorst H J, Pack J D. Special points for Brillouin-zone integrations [J]. Phys. Rev. B, 1976, 13: 5188-5192.

[9] Baroni S, Giannozzi P, Testa A. Green's-function approach to linear response in solids [J]. Phys. Rev. Lett., 1987, 58: 1861-1864.

[10] Ackland G J, Warren M C, Clark S J. Practical methods in ab initio lattice dynamics [J]. J. Phys.: Condens. Matter, 1997, 9: 7861-7872.

[11] Baroni S, de Gironcoli S, Dal Corso A, et al. Phonons and related crystal properties from density-functional perturbation theory [J]. Rev. Mod. Phys., 2001, 73: 515-562.

[12] Krukau A V, Vydrov O A, Izmaylov A F, et al. Influence of the exchange screening parameter on the performance of screened hybrid functionals [J]. J. Chem. Phys., 2006, 125: 224106.

[13] Wu Z, Zhao E, Xiang H, et al. Crystal structures and elastic properties of superhard IrN_2 and IrN_3 from first principles [J]. Phys. Rev. B, 2007, 76: 054101-054115.

[14] Mouhat F, Coudert F. Necessary and sufficient elastic stability conditions in various crystal systems [J]. Phys. Rev. B, 2014, 90: 224104.

[15] Greene R G, Luo H, Li T, et al. Phase transformation of AlAs to NiAs structure at high pressure [J]. Phys. Rev. Lett., 1994, 72: 2045-2048.

[16] Onodera A, Mimasaka M, Sakamoto I, et al. Structural and electrical properties of NiAs-type compounds under pressure [J]. J. Phys. Chem. Solids, 1999, 60: 167-179.

[17] Wang H Y, Li X S, Li C Y, et al. First-principles study of phase transition and structural properties of AlAs [J]. Mater. Chem. Phys., 2009, 117: 373-376.

[18] Liu G, Lu Z, Klein B M. Pressure-induced phase transformations in AlAs: Comparison between ab initio theory and experiment [J]. Phys. Rev. B, 1995, 51: 5678-5681.

[19] Srivastava A, Tyagi N, Sharma U S, et al. Pressure induced phase transformation and electronic properties of AlAs [J]. Mater. Chem. Phys., 2011, 125: 66-71.

[20] Mujica A, Needs R J, Munoz A. First-principles pseudopotential study of the phase stability of the Ⅲ-Ⅴ semiconductors GaAs and AlAs [J]. Phys. Rev. B, 1995, 52: 8881-8892.

[21] Cai J, Chen N X. Theoretical study of pressure-induced phase transition in AlAs: From zincblende to NiAs structure [J]. Phys. Rev. B, 2007, 75: 174116.

[22] Amrani B. First-principles investigation of AlAs at high pressure [J]. Superlattice. Microstruct, 2006, 40: 65-76.

[23] Mujica A, Rodríguez-Hernández P, Radescu S, et al. AlX (X= As, P, Sb) compounds under pressure [J]. Phys. Status Solidi B, 1999, 211: 39-43.

[24] Crain J, Ackland G, Maclean J, et al. Reversible pressure-induced structural transitions between metastable phases of silicon [J]. Phys. Rev. B, 1994, 50: 13043-13046.

[25] Menoni C S, Hu J Z, Spain I L. Germanium at high pressures [J]. Phys. Rev. B, 1986, 34: 362-368.

[26] Zhao Y X, Buehler F, Sites J R, et al. New metastable phases of silicon [J]. Solid. State Commun., 1986, 59: 679-682.

[27] Nelmes R, McMahon M, Wright N, et al. Stability and crystal structure of BC8 germanium [J]. Phys. Rev. B, 1993, 48: 9883-9886.

[28] Birch F. The effect of pressure upon the elastic parameters of isotropic solids, according to Murnaghan's theory of finite strain [J]. J. Appl. Phys., 1938, 9: 279-288.

[29] Hill R. The elastic behaviour of a crystalline aggregate [J]. Proc. Phys. Soc. A, 1952, 65: 349-354.

[30] Watt J P. Hashin-Shtrikman bounds on the effective elastic moduli of polycrystals with orthorhombic symmetry [J]. J. Appl. Phys., 1979, 50: 6290-6295.

[31] Watt J P, Peselnick L. Clarification of the Hashin-Shtrikman bounds on the effective elastic moduli of polycrystals with hexagonal, trigonal, and tetragonal symmetries [J]. J. Appl. Phys., 1980, 51: 1525-1531.

[32] Wu Z, Zhao E, Xiang H, et al. Crystal structures and elastic properties of superhard IrN_2 and IrN_3 from first principles [J]. Phys. Rev. B, 2007, 76: 054115.

[33] Léger J-M, Haines J. The search for superhard materials [J]. Endeavour, 1997, 21: 121-124.

[34] Teter D M. Computational alchemy: the search for new superhard materials [J]. MRS Bull., 1998, 23: 22-27.

[35] Chen X Q, Niu H Y, Li D Z, et al. Modeling hardness of polycrystalline materials and bulk metallic glasses [J]. Intermetallics, 2011, 19: 1275-1281.

[36] Gao F He J, Wu E, et al. Hardness of covalent crystals [J]. Phys. Rev. Lett, 2003, 91: 015502.

[37] Tian Y J, Xu B, Zhao Z S. Microscopic theory of hardness and design of novel superhard crystals [J]. Int. J. Refract. Met. H., 2012, 33: 93-106.

[38] Simunek A, Vackar J. Hardness of covalent and ionic crystals: first-principle calculations [J]. Phys. Rev. Lett., 2006, 96: 085501.

[39] Li K, Wang X, Xue D. Electronegativities of elements in covalent crystals [J]. J. Phys. Chem. A, 2008, 112: 7894-7897.

[40] Li K, Wang X, Zhang F, et al. Electronegativity identification of novel superhard materials [J]. Phys. Rev. Lett., 2008, 100: 235504.

[41] Li K, Xue D. Hardness of materials: studies at levels from atoms to crystals [J]. Chin. Sci. Bull., 2009, 54: 131-136.

[42] Ozisik H B, Colakoglu K, Deligoz E, et al. Structural, electronic, and elastic properties of K-As compounds: a first principles study [J]. J. Mol. Model., 2012, 18: 3101-3012.

[43] Ozisik H, Colakoglu K, Ozisik H, et al. Structural, elastic, and lattice dynamical properties of Germanium diiodide (GeI 2) [J]. Comput. Mater. Sci., 2010, 50: 349-355.

[44] Ranganathan S I, Ostoja-Starzewski M. Universal elastic anisotropy index [J]. Phys. Rev. Lett., 2008, 101: 055504.

[45] Liu C, Hu M, Luo K, et al. Novel high-pressure phases of AlP from first principles [J]. J. Appl. Phys., 2016., 119: 185101.

[46] Watt J P. Hashin-Shtrikman bounds on the effective elastic moduli of polycrystals with monoclinic symmetry [J]. J. Appl. Phys., 1980, 50: 6290-6295.

[47] Baroni S, Gironcoli S D, Corso A D, et al. Phonons and related properties of extended systems from density-functional perturbation theory [J]. Physics, 2000, 73: 515-562.

[48] Shimazaki T, Asai Y. Energy band structure calculations based on screened Hartree-Fock exchange method: Si, AlP, AlAs, GaP, and GaAs [J]. J. Chem. Phys., 2010, 132: 224105.

[49] Heyd J, Peralta J E, Scuseria G E, et al. Energy band gaps and lattice parameters evaluated with the Heyd-Scuseria-Ernzerhof screened hybrid functional [J]. J. Chem. Phys., 2005, 123: 174101-174108.

[50] Sze S M, Ng K K. Physics of semiconductor devices [M]. John wiley & sons, 2006.

[51] Yu P Y, Cardona M, Sham L J. Fundamentals of Semiconductors: Physics and Materials Properties [J]. Semicond. Sci. Tech., 2011, 50: 76.

[52] Minden H. Some optical properties of aluminum arsenide [J]. Appl. Phys. Lett., 1970, 17: 358-360.

[53] Dias R P, Silvera I F. Observation of the Wigner-Huntington transition to metallic hydrogen [J]. Science, 2017, 355: 715-718.